Die Erschließung des Luftmeers

Luftschiffahrt und Flugtechnik in ihrer Entwicklung und ihrem heutigen Stande

gemeinverständlich dargestellt

von

Arthur Kirchhoff

Zweite Auflage

Mit 141 Abbildungen

Springer-Verlag
Berlin Heidelberg GmbH

1912

ISBN 978-3-662-33685-4   ISBN 978-3-662-34083-7 (eBook)
DOI 10.1007/978-3-662-34083-7

Softcover reprint of the hardcover 2nd edition 1912

Inhaltsverzeichnis.

Erster Teil: Geschichtliches.

Luftschiffe.

Flugmaschinen.

Drachen, Registrierballons und Drachenboote.

Die praktische Bedeutung der Luftschiffahrt.

Zweiter Teil: Meine interessanteste Fahrt.

Selbstberichte der bekanntesten deutschen Luftschiffer.

Vorrede zur ersten Auflage.

Wenige Jahre sind es her, seit der erste kurze Flug mit dem lenkbaren Luftschiff gelang. Im Sommer des Jahres 1909 konnte Graf Zeppelin bereits einen 37stündigen ununterbrochenen Flug mit seinem Luftschiff ausführen. Er hat damit einen noch heute zu Recht bestehenden Rekord aufgestellt. Wenige Monate vorher hatte, ganz im stillen, der Parseval=ballon einen nicht minder interessanten und für das Luftschiff als Kriegs=werkzeug besonders wertvollen anderen Rekord geschaffen, indem er einen Flug in einer Höhe von über 1500 Metern ausführte. Zeppelin und Parseval haben damit Weltrekorde aufgestellt, die Deutschland an die Spitze aller luftschiffahrenden Nationen stellten, ihm einen Vorsprung sicherten, den ein anderes Land so leicht nicht wieder einholen wird.

Und der Flugapparat? — Am 13. Januar 1907 flog der in Paris lebende Engländer Farman mit seinem Flugapparat zum erstenmal über eine Strecke von 1500 Metern — $1\frac{1}{2}$ Jahre später hat Farman zu Rheims bereits in einem mehr als dreistündigen, ununterbrochenen Fluge mit seinem Apparat rund 180 km zurückgelegt, was ungefähr einem Flug von Berlin nach Dresden entspricht.

Die Eroberung der Luft ist zur Tatsache geworden! Zu dem Verkehr auf der Erde und auf dem Wasser wird sich innerhalb weniger Jahre der Verkehr in der Luft gesellen. Die heranwachsende Jugend wird es noch erleben, daß dieser Luftverkehr um vieles lebhafter sich gestalten wird, als der Verkehr auf dem Wasser, das uns an bestimmte Straßen bindet, während die Luft unbegrenzte Bewegungsfreiheit läßt. Die Zeit ist nicht mehr allzufern, wo wohlhabende Leute ihren Flugapparat halten werden, wie sie heute ihr Automobil halten, und dieser Flugapparat wird sie rascher befördern als alle Eisenbahnen und Automobile der Erde, er wird billiger sein als das Automobil, und die Fahrt mit ihm wird Genüsse schaffen, gegen die der Reiz aller Fahrten zu Land und zu Wasser verschwindet.

Von ganz besonderer Bedeutung versprechen aber Luftschiff und Flug=apparat für die Kriegführung zu werden. Wilbur Wright hat gelegentlich seiner Flüge auf dem Tempelhofer Felde bereits 200 Meter Höhe mit seinem Apparat erreicht, und soeben trifft die Meldung ein, daß er bei seinen Flügen bei Potsdam, wo er gegenwärtig einen Schüler ausbildet, bereits eine Höhe von über 500 Metern erreicht haben soll, in der sein Apparat den Untenstehenden nur noch als „Punkt" erschien. Es kann nur eine Frage weniger Jahre sein, daß der Flugapparat auch Höhen von 1000 Metern und mehr erreicht. Eine Flugmaschine in 1000 Metern Höhe wird aber ein so idealer Kundschafter, daß ein zukünftiger Krieg, an dem eine Großmacht beteiligt ist, sicherlich Hunderte von Flugapparaten in der Luft zeigen wird, die, über das feindliche Lager hinwegfliegend, mit Fernrohr und photographischem Apparat die Stellung des feindlichen Heeres aus= kundschaften werden. In einer Höhe von 1000 Metern wird der Apparat tatsächlich einen so winzigen Punkt darstellen, der bei einer Geschwindigkeit von 80 bis 100 Kilometer, die der Apparat in der Stunde zurücklegt, sich mit so rasender Geschwindigkeit fortbewegt, daß es, den feindlichen Kugeln kaum gelingen wird, diese neuen, furchtbaren Spione zu erreichen, von Zufallstreffern abgesehen.

Noch aufregender und interessanter wird sich der Kampf gestalten, wenn die Heere beider Gegner mit Luftschiffen und Flugapparaten aus= gestattet sind. Denn dann wird sich zu dem Kampf auf der Erde ein noch viel furchtbarerer Kampf in den Lüften gesellen, in dem diejenige Nation Siegerin bleiben wird, die die größte Erfahrung in der Flugtechnik und der Handhabung der Flugmaschine besitzt.

Ungeheure Entwicklungskräfte schlummern in dem lenkbaren Luft= schiff und in dem Flugapparat von heute. Der Zauber, den uralten Traum verwirklicht zu sehen, sich als Besieger der Lüfte zu fühlen, wird sehr bald überwältigende Reize auf die breiten Massen der Kulturvölker ausüben — heute über 20 Jahre wird die Welt im Zeichen des Luftverkehrs stehen!

Da muß es namentlich für unsere Jugend von größtem Interesse sein, möglichst frühzeitig die Mittel kennen zu lernen, mit denen der Mensch zum Eroberer der Luft geworden ist, schon um die zu erwartende ungeheure Weiterentwicklung der Flugtechnik verfolgen zu können. Der größte Teil unserer heutigen Jugend wird außerdem in absehbarer Zeit sicherlich dazu kommen, Luftfahrten zu machen, sei es im lenkbaren Luftschiff, dessen allgemeine Einführung für Vergnügungsfahrten nur noch eine Frage weniger Jahre ist, sei es im Flugapparat, der an den Mut und die Ge= schicklichkeit desjenigen, der mit ihm fährt, auf lange Zeit hinaus noch ziemlich große Anforderungen stellen wird.

Das vorliegende Buch hat es sich in erster Linie zur Aufgabe gemacht, weitere Kreise, vor allem die heranwachsende Jugend, über die geschichtliche Entwicklung und den gegenwärtigen Stand des Luftschiffes und des Flugapparates in großen Zügen zu unterrichten. Die Fülle des Materials und der beschränkte Raum des vorliegenden Buches haben es notwendig gemacht, alles nur kurz zu behandeln. Gelingt es dem Buche, den Leser zu veranlassen, sich weiter mit der überaus interessanten Materie zu beschäftigen, dann hat es den Zweck erfüllt, den es anstrebt, denn es kann nicht Aufgabe eines Buches von wenigen hundert Seiten sein, ein so kompliziertes und umfassendes Problem, wie es die Flugtechnik ist, zu erschöpfen.

Bei Zusammenstellung des vorliegenden Buches haben mir viele maßgebende Persönlichkeiten der Luftschiffahrt ihre Unterstützung zuteil werden lassen. Zu herzlichem Dank verpflichtet bin ich den Herren, die auf meine Bitte hin im zweiten Teil des Buches ihre „interessanteste Fahrt" für meine jugendlichen Leser geschildert haben. Aufrichtig danke ich namentlich Herrn Hauptmann von Kehler, dem verdienstvollen Direktor der Motorluftschiff-Studiengesellschaft, der mich während der Bearbeitung des vorliegenden Buches mit seinem wertvollen Rat und mit Material unterstützt hat. Ich danke bei dieser Gelegenheit auch dem liebenswürdigen Direktor des Kaiserlichen Aeroklub, Herrn Rittmeister von Frankenberg, dem ich neben der reizend geschriebenen Schilderung seiner lebensgefährlichen Winterfahrt über die bayrischen Alpen, eine Reihe interessanter Photographien verdanke. Einige der besten Ballonaufnahmen, die das Buch enthält, danke ich dem liebenswürdigen Entgegenkommen des Herrn Dr. Bröckelmann.

Ganz besonderen Dank spreche ich zum Schluß Herrn Ingenieur Hans Dominik aus, unserm verdienstvollen technischen Schriftsteller, der mich bei der Herausgabe des vorliegenden Buches in der weitgehendsten Weise unterstützt hat.

Von meinen jugendlichen Lesern erhoffe ich eine liebevolle Hingabe an den interessanten Stoff, von der berufenen Kritik Nachsicht.

Berlin-Wilmersdorf, Ende 1909.

Arthur Kirchhoff.

Erster Teil

Geschichtliches

Luftschiffe.

Abb. 1.
Warmluftdrachen am
Fesselseil nach einer
Malerei vom Jahre 1540.

So alt wie die Menschheit selbst mag wohl auch der Wunsch sein, sich in die Höhe zu schwingen, sich im blauen Äther zu wiegen und ebenso wie Adler oder Reiher das Luftmeer zu beherrschen. Aber es liegt wohl auf der Hand, daß ein Problem, dessen Lösung erst restlos den allerletzten Jahren gelang, technische Schwierigkeiten von ganz besonderer Art bieten muß, daß es einer früheren Zeit ganz unmöglich sein mußte, hier etwas Positives zu erreichen.

Desto lauter aber klingt die ungestillte Sehnsucht nach einer vollkommenen Beherrschung der Luft aus allen den alten Mythen und Sagen heraus. Der himmelstürmende Ikarus der Griechen und der auf Schwanenflügeln den Äther durchschneidende Schmied Mime der nordischen Völker, was sind sie anders als der Ausdruck solcher Sehnsucht nach der lichten Höhen. Und wenn die christliche Kunst geflügelte Engel zeigt, wenn sie die Geister der Abgeschiedenen in freier Höhe darstellt, was anders als der alte Wunsch des Fluges hat dem Maler den Pinsel geführt. Was der Menschen selbst fehlte, das schrieben sie ihren Heroen und Göttern, ihrer Engeln und Seligen zu.

Die Zeit ging weiter, und die Menschheit versuchte auf mancherlei Wegen das Ziel uralter Sehnsucht zu erreichen. Die Natur bot zwei Vorbilder: den Rauch des Feuers, der frei in die Höhe stieg, sich schließlich mit den Wolken vermischte, und die Vögel, die auf ihren Schwingen die Luft durcheilten. Beiden suchten die Menschen nachzuahmen. So haben wir eine grundsätzliche Teilung aller dieser Versuche, Konstruktionen und schließlichen Erfolge vorzunehmen. Wir haben nach dem Vorbilde des leichten Rauches Flugapparate, die leichter als die umgebende Luft sind, die nach dem Archimedesschen Prinzip in ihr schwimmen, die sogenannten Aerostaten oder Ballons, und andere, die dem Beispiel des Vogelkörpers folgen, die schwerer als die Luft sind und nur durch besonderen Kraftaufwand (griechisch: dynamis, die Kraft) den Flug erreichen können, sogenannte aerodynamische oder aviatische Maschinen (lateinisch: avis, der Vogel).

Betrachten wir nun an erster Stelle die aerostatischen Maschinen. Die Überlieferung spricht dafür, daß die Chinesen bereits im frühen Mittelalter bei Festlichkeiten Papierballons steigen ließen, die, durch erwärmte Luft gebläht, leichter waren als die sie umgebende Luft und daher in die Höhe gingen. Wie so viele andere chinesische Erfindungen, blieb aber auch diese ohne Einfluß auf das Abendland und mußte hier von neuem gefunden werden. Nun war das Archimedessche Prinzip an sich wohl bekannt. Man wußte, daß leichtere Körper in einer schwereren Umgebung schwimmen und in die Höhe steigen. Man wußte auch, daß erwärmte Luft leichter ist als kalte. Man wußte ferner, daß gar keine Luft, d. h. ein Vakuum, eine Luftleere, ebenfalls leichter sein müsse als die Luft. Beide Möglichkeiten wurden von spekulativen Köpfen erörtert, und da Papier auch damals schon recht geduldig war, so finden wir in den alten Chroniken und Handschriften eine Fülle von Konstruktionen und Vorschlägen. Ein Techniker sieht auf den ersten Blick, daß die meisten dieser Anordnungen aus allerlei sekundären Gründen undurchführbar sind. Immerhin können sie als Beweis dafür gelten, daß man sich auch damals bereits intensiv mit diesen Dingen beschäftigte, und daß man es wenigstens versuchte, physikalisch-logisch zu denken.

Als erster dieser Vorschläge mag das Projekt des Jesuitenpaters Francisco de Lana aus dem Jahre 1670 genannt werden, das uns die Abb. 2 zeigt. De Lana wollte mit dem absoluten Vakuum arbeiten. Er wählte für seine Konstruktion eine kleine Barke (s. die Abbildung), an welcher vier große Kugeln aus Metall befestigt waren. Diese Kugeln sollten hohl sein. De Lana wollte in ihnen ein Vakuum erzeugen, indem er sie mit Wasser füllte und dieses dann durch einen unteren Hahn wieder ablaufen ließ. Wir wissen heute, daß erstens das Experiment mit dem Wasser nur schwer geglückt wäre. Dagegen hätte man unter Verwendung von Quecksilber das Vakuum wohl erreichen können, aber dann wäre auch sofort der äußere Luftdruck bestrebt gewesen, die Kugeln einzudrücken. Man hätte sie daher

enorm starkwandig und schwer anfertigen müssen. Damit aber wurde der
Aufstieg wieder unmöglich. Denn ein Kubikmeter Luft wiegt etwa 1,2 kg.
Für ein Vakuum von der Größe eines Kubikmeters bekommen wir also
einen Auftrieb von 1,2 kg. Wenn nun aber die Metallhülle um dieses
Vakuum herum viele
Zentner wiegt, so ist
es natürlich mit dem
Fliegen nichts.

Diese schweren Feh=
ler des de Lanaschen
Projektes wurden be=
reits im Jahre 1680
von Borelli erkannt
und ausführlich dar=
gelegt. Aus jener Zeit
muß ferner der Pater
Bartholomäus
Laurenzo de Gus=
man genannt werden,
der im Jahre 1685 in
Gegenwart des könig=
lichen Hofes in Lissa=
bon in die Luft ge=
stiegen sein soll. Nach
der Berichterstattung
wandte sein Apparat
in richtiger Weise das
Prinzip der Mont=
golfiere an, welches
hier später erörtert
werden soll. Darüber

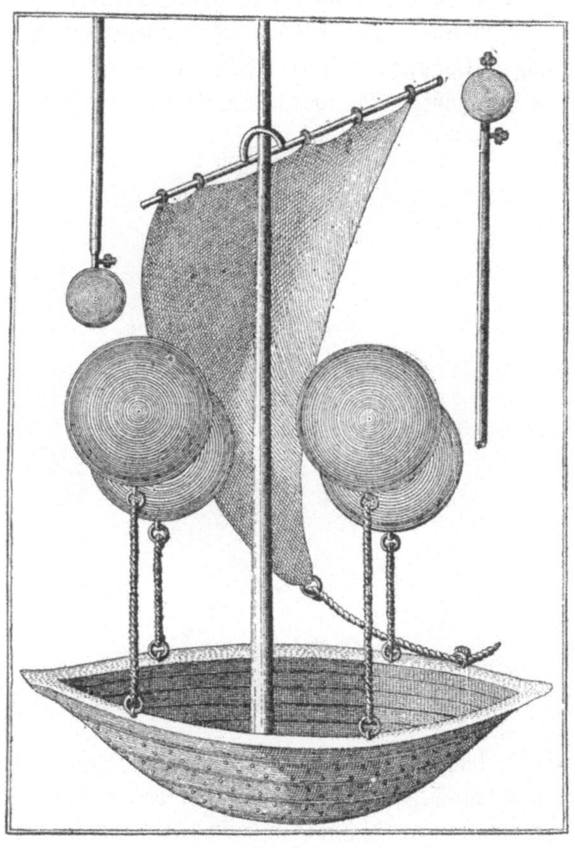

Abb. 2.
Luftschiff des Jesuitenpaters Francisco de Lana zu Brescia. 1670.

hinaus gibt der Bericht aber so unwahrscheinliche Einzelheiten über den
Apparat, daß man den Aufstieg selbst wohl füglich bestreiten kann.

Wir finden nun im folgenden Jahrhundert noch zahlreiche Berichte
über Erfindungen und Versuche. Wir können diese aber wohl übergehen.
Es sind Projekte, die immer wieder zeigen, wie sehr die Frage schon damals
alle Köpfe beschäftigte, ohne daß aber praktische Erfolge gezeitigt wären.
Wenn wir ernstlich von der Erfindung des Luftballons reden wollen, so müssen

wir bis zum Jahre 1783 gehen und die beiden Brüder Stephan und Joseph Montgolfier (Abb. 3) nennen. Die Arbeiten dieser beiden gehen bis zum Jahre 1770 zurück. Ihre Versuche gingen von dem richtigen Prinzip aus, einen Sack oder Ballon mit verdünnter und dementsprechend leichterer Luft zu füllen. Folgerichtig verwandten sie zur Luftverdünnung Feuer, d. h. Wärme. Lange Zeit indes scheiterten ihre Versuche an nebensäch= lichen Umständen. Ihre ersten Hüllen aus grober Leinwand waren viel zu durchlässig. Die warme Luft entwich sofort, und der Aufstieg mißlang.

Abb. 3. Die Brüder Stephan und Joseph Montgolfier.

Erst als sie dazu über= gingen, Papier zu be= nutzen, wurden die Hül= len einigermaßen gas= dicht. Es gelangen zu= nächst kleine Aufstiege solcher Kugelballons, und im Jahre 1783 waren sie so weit, daß sie mit ihrer Erfindung vor die Öffentlichkeit treten konnten.

Der Ballon, den sie in Anonay, ihrer Vater= stadt, am 5. Juni 1783 steigen ließen (Abb. 4), hatte einen Durchmesser von ungefähr 10 m.

Seine technische Ausführung war noch außerordentlich mangelhaft. Die einzelnen Segmente oder Bahnen des Ballons bestanden aus Leinwand und waren zur Dichtung mit Papier beklebt. An den Rändern hatten sie Knöpfe, beziehungsweise Knopflöcher, und der ganze Ballon war aus solchen Segmenten zusammengeknöpft. Es leuchtet wohl ohne weiteres ein, daß solcher Ballon an den Knopfnähten sehr undicht sein, daß die heiße Luft sehr schnell entweichen mußte. So stieg jener Ballon zwar bis auf 300 m Höhe, fiel aber bereits wieder nach 10 Minuten. Immerhin darf man den 5. Juni 1783 als den Geburtstag der Luftschiffahrt be= zeichnen, sofern man eine Erfindung eben von der Zeit an datiert, da sie zum ersten Male der Öffentlichkeit in erfolgreicher Ausführung bekannt gegeben wird.

Die Brüder Montgolfier wurden von der Akademie nach Paris eingeladen, um dort ihre Experimente in größerem Maßstabe zu wiederholen. Inzwischen aber zeigte sich, wie so häufig, wieder einmal die Duplizität der Ereignisse. Wieder einmal fand das alte Motto Verwirklichung: Erst garnicht und dann doppelt.

Man hatte in jenen Jahren ein neues Gas näher kennen gelernt, den Wasserstoff. Wasserstoff ist sehr viel leichter als Luft. Während man das Gewicht von einem Kubikmeter Luft mit etwa 1,2 kg annehmen kann, wiegt 1 cbm Wasserstoff nur etwa 0,2 kg. 1 cbm Wasserstoff wird daher nach dem Archimedesschen Gesetz in der Luft einen Auftrieb von etwa einem Kilogramm haben. Es lag auf der Hand, daß diese Eigenschaft den Physikern auffallen mußte. In jenen Sommertagen des Jahres 1783 hatte der Professor

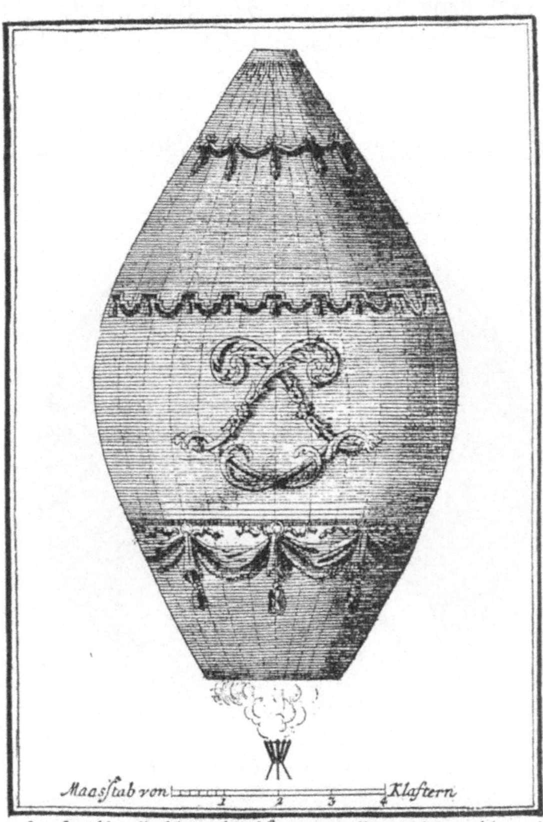

Aerostatische Maschine des Herrn von Montgolfier, welche auf Kosten der Koenigl. Akad. der Wissenschaften, zu Paris im Garten des Herrn Reveillon den 12 Sept. 1783 zu Stande kam.

Abb. 4.

de Saint-Fond nun durch eine öffentliche Sammlung die Mittel für einen Wasserstoffballon aufgebracht, und der Physiker Professor Charles (Abb. 5) war beauftragt worden, einen solchen Aerostaten zu bauen. Wenn nun die warme Luft schon allzu leicht durch die Hülle eines Ballons drang, so galt das noch viel mehr von dem leichten Wasserstoff. Es muß daher als ein besonderes Verdienst von Charles genannt werden, daß er seinen ersten Wasserstoffballon mit sehr großer Sorgfalt in allen Einzel-

heiten durchkonstruierte. Gerade damals war es gelungen, das Kautschuk=
harz in einem ätherischen Mittel zu lösen, und Charles zog diese neueste
Errungenschaft sofort zur Dichtung seiner Hülle, die er aus leichtem Seiden=
stoff herstellte, heran. Sein Ballon hatte einen Durchmesser von 4 m.
Wenn wir uns erinnern, daß die Formel für den Inhalt einer Kugel lautet:

$$J = \frac{4}{3}\,\pi\,r^3,$$

so ergibt sich für den Ballon ein Volumen von 32 cbm und dementsprechend
ein reiner Gasauftrieb von 32 kg. Dagegen wog die ganze Hülle nur 9 kg. Es blieb also für den Ballon selbst ein Gesamtauftrieb von 23 kg oder beinahe einem hal=ben Zentner übrig. Man darf sich daher nicht wun=dern, daß jener erste Gasballon, als er am 27. August 1783 vor ei=nem Publikum von über 300 000 Personen auf dem Marsfelde abgelassen wurde, pfeilschnell in die Höhe schoß. Schnell er=reichte er sehr hohe Schich=ten, verschwand in den

Abb. 5. Jacques Alexandre César Charles.

Wolken und wurde dann noch einmal in sehr großer Entfernung gesehen,
wobei man bemerken konnte, daß er geplatzt war. Man sagte damals,
daß der Ballon zu stark gefüllt gewesen wäre.

Heute wissen wir, daß diese Erscheinung einen anderen Grund hatte,
daß alle geschlossenen Gasballons durch einen Akt der Selbstvernichtung
zugrunde gehen. Wenn wir einen jener bunten Gummiballons, die überall
als Kinderspielzeug verkauft werden, frei aufsteigen lassen, so gelangt er
beim Höherkommen in Regionen, in denen der Luftdruck immer geringer
wird. Infolgedessen findet das eingeschlossene Gas Gelegenheit, sich immer
stärker auszudehnen. Eine Weile wird das gehen. Schließlich aber ist die
schwache Gummihülle nicht mehr imstande, dem Druck des eingeschlossenen

Wasserstoffgases Widerstand zu leisten. Sie platzt, und der Absturz beginnt. Heute hat man diese Verhältnisse genau studiert. Für die Zwecke der Meteorologie läßt man solche Ballons aufsteigen, deren Füllung und Festigkeit so bemessen ist, daß sie in einer ziemlich genau vorher bestimmten Höhe platzen müssen. Damals war auch das etwas Neues und Unerhörtes.

Nun hatte Professor Charles seinen großen Erfolg gehabt. Die erste Charliere war gestiegen, und nun sollten wieder die Brüder Montgolfier

Abb. 6. Zerstörung des ersten Gasballons am 27. August 1783.
Der Ballon von Charles ging in der Nähe des Dorfes Gonesse nieder und wurde von den abergläubischen Bauern durch Heugabeln und Dreschflegel vernichtet.

zu Worte kommen. Sie bauten einen Ballon mit einem Inhalte von 1500 cbm, und dieser stieg am 19. September desselben Jahres in Versailles auf (Abb. 7). Er nahm die ersten lebendigen Wesen mit in die Luft, nämlich einen Hammel, einen Hahn und eine Ente. Alle drei kamen wohlbehalten wieder zur Erde, nur der Hahn ein wenig durch einen Tritt des Hammels verletzt. Damit war der Beweis erbracht, daß der Aufenthalt in jenen höheren Schichten nicht tödlich war, und die Frage des Aufstieges auch von Menschen wurde nun aktuell.

Aber wer sollte aufsteigen? Den ersten schwachen Versuch dazu machte der Franzose Pilâtre de Rozier. Er bestieg die Gondel oder den Korb einer Montgolfiere, die an Stricken gehalten und bis zu einer Höhe von

Versuch mit dem Luftball 57 Schuhe hoch, 41 im Durchmesser; zu Versailles, in Gegenwart Sr. Königl. Majestät am 19ten Sept. 1783.

Abb. 7.

25 m emporgelassen wurde. Es war also der erste Ballon captif und gleich=
zeitig der erste Aufstieg eines Menschen, der am 15. Oktober 1783 statt=
fand. Und noch im selben Jahre erfolgte die erste Freifahrt. Wie man

Abb. 8. Erster Aufstieg von Menschen (Rozier und Marquis d'Arlandes) in einer
Montgolfiere am 21. November 1783 zu Paris.

sieht, drängten sich damals die Ereignisse auf aeronautischem Gebiete in
ähnlicher Weise, wie in letzter Zeit etwa wieder in den Jahren 1908 und
1909. Freilich bereitete jene erste Freifahrt einige Schwierigkeiten. Der
König wollte sie nicht gestatten. Er bestimmte vielmehr, daß zwei zum

Tode verurteilte Verbrecher den ersten Aufstieg mitmachen sollten. Kämen sie mit dem Leben davon, so wollte man sie begnadigen. Starben sie bei dem Unternehmen, nun so hatte man dem Henker eine Arbeit gespart. Aber Pilâtre de Rozier wollte es nicht dulden, daß Verbrecher als Pioniere der Menschheit den Äther durchsegelten. Er setzte es nach vielen Bitten schließlich durch, daß ihm und seinem Freunde, dem Marquis d'Arlandes, die Erlaubnis zum Aufstieg gegeben wurde, und am 21. November fand die erste Freifahrt statt (Abb. 8). Sie währte nur 25 Minuten, verlief aber durchaus glücklich. Damit war die Erfindung der Montgolfiere aus dem Gröbsten heraus, und bereits die nächsten Jahre bringen Aufstiege in großer Menge, an denen sich sogar Damen beteiligten, für die Porzellan= und Reifrock=zeit gewiß eine überraschende Erscheinung.

In den Montgolfieren und Charlieren besaß man nun also Aerostaten, besaß man die Mittel, um sich in die Atmosphäre zu erheben. Die nächste Praxis führte dazu, sich immer mehr für die Charlieren, die Gasballons, zu entscheiden. Die Montgolfiere verlangte ja eine ganz gewaltige Er=wärmung der Luft, wenn überhaupt einige Höhen erreicht werden sollten. Wie man weiß, wächst das Volumen der Luft bei jedem Grad Erwärmung um $1/_{273}$ ihres Volumens bei Null Grad. Um also das Volumen auch nur zu verdoppeln, das Gewicht also auf die Hälfte zu reduzieren, müßte man die Luft bereits auf 273° erwärmen, eine Hitze, bei welcher alle Zeug=stoffe Feuer fangen und verbrennen müßten. Tatsächlich konnte man die Erwärmung der ganzen Luftmenge wohl kaum über 100° treiben. Dabei aber hat die Luft nur etwa den dritten Teil desjenigen Auftriebes, durch welchen sich der Wasserstoff auszeichnet, und auch einen geringeren Auf=trieb als das Steinkohlenleuchtgas. Dieser Umstand und daneben die be=ständige Feuersgefahr, sowie die Unmöglichkeit, für längere Fahrten Brenn=material mitzunehmen, führten dazu, daß man sich bereits in den nächsten Jahren immer entschiedener der Charliere zuwandte.

Die Charliere wurde nun in allen Einzelheiten durchkonstruiert und ständig verbessert. Man stellte die eigentliche Hülle nach dem Muster des ersten Modells aus einem durch Gummi oder Firnis dichtgemachten Seiden=stoff her. Man versah sie nach unten mit einem schlauchförmigen Ansatz, dem sogenannten Füllansatz oder Appendix, durch welchen das Gas aus=strömen konnte, wenn es sich entweder durch die Sonnenwärme oder durch Abnahme des äußeren Luftdruckes ausdehnte. Charles selbst führte ferner das auch noch heute gebräuchliche Netz ein. Es bedeckt die Ballonhülle und endigt in Auslaufleinen, welche die Last der Gondel aufnehmen. Der

Zweck dieses Netzes ist ein doppelter. Es soll einmal die Hülle in der Aufnahme des inneren Gasdruckes unterstützen und ferner die zu tragende Gondellast in schonendster und gleichmäßigster Weise auf den ganzen Ballon verteilen.

Ferner kam bereits Charles dazu, ein Gasventil zu konstruieren, welches sich im obersten Teile des Ballons befand und mit Hilfe einer, durch das Balloninnere bis zur Gondel reichenden Leine bedient werden konnte. Schließlich führte er zur Erleichterung der Landung einen kleinen Anker, nicht unähnlich den Schiffsankern, mit sich. Freilich waren alle diese Konstruktionen von Charles noch ziemlich roh. Aber sie waren im Prinzip richtig und wurden in kurzer Zeit zu ziemlicher Vollkommenheit verbessert.

Eben derselbe Charles muß auch als Erfinder der Pilotballons genannt werden. Es sind dies kleine Ballons, die man vor dem Aufstieg des eigentlichen Fahrzeuges abläßt, um die Windrichtung in verschiedenen Höhenlagen zu erkennen und daraus Schlüsse auf den voraussichtlichen Verlauf der Fahrt zu ziehen. Wie wohl bekannt sein dürfte, sind diese Piloten bis zum heutigen Tage ein wertvolles Hilfsmittel der Luftschiffahrt und Witterungskunde geblieben. Man hat besondere Methoden der Fernrohrbeobachtung ausgebildet, um die genauen Windgeschwindigkeiten in verschiedener Höhe nach dem Fluge solcher Piloten festzustellen.

Aber auch hiermit sind die Verdienste von Charles noch nicht erschöpft. Er führte als erster auch das Barometer zur Ablesung der jeweiligen Höhenlage ein. Berühmt ist seine Fahrt vom ersten Dezember 1783, über welche Hildebrandt in seinem Werke über die Luftschiffahrt folgenden Bericht gibt:

„Nachdem in 3³/₄ Stunden ein Weg von 9 Meilen zurückgelegt war, landete Charles bei Nesle und fuhr nach Aussetzen seines Begleiters allein weiter. In Gegenwart zahlreicher Edelleute, welche zu Pferde dem Ballon gefolgt waren, wurde eine Urkunde über das Ereignis der ersten ‚Zwischenlandung‘ aufgesetzt, und der Professor gab das Versprechen, in einer halben Stunde definitiv seine Reise zu beenden. Der entlastete Aerostat ging nunmehr in bedeutende Höhe. Der einsame Passagier konnte zum ersten Male die unangenehmen Einflüsse der sauerstoffarmen, dünnen Luft höherer Schichten am eigenen Körper studieren. Infolge des veränderten Luftdruckes bei dem sehr schnellen Aufstieg empfand er heftige Schmerzen im Innern der Ohren. Da er auch durch die Kälte stark belästigt wurde, zog er das Ventil und kam nach 35 Minuten einige Kilometer von der ersten Landungsstelle herunter."

In den folgenden Jahren wurde die Luftschiffahrt aus einem Unternehmen ernster Wissenschaft allmählich eine Jahrmarkt- und Schaubudensache. Es war vornehmlich der französische Luftschiffer Blanchard, welcher in der Zeit von 1785 bis 1809 66 Luftschiffahrten unternahm und schließlich infolge eines Sturzes das Leben verlor. Seine Gattin setzte sein Geschäft fort und kam 10 Jahre später ebenfalls bei einer Ballonfahrt ums Leben. Es soll Blanchard keineswegs Kühnheit und Unternehmungsgeist abgesprochen werden. Riskierte er es doch als erster, im Jahre 1785 von Dover aus mit einem Begleiter über den englischen Kanal zu fliegen. Aber man kann wohl behaupten, daß die wissenschaftliche Erforschung und Weiterbildung in jenen Jahren nur ganz geringe Fortschritte machte.

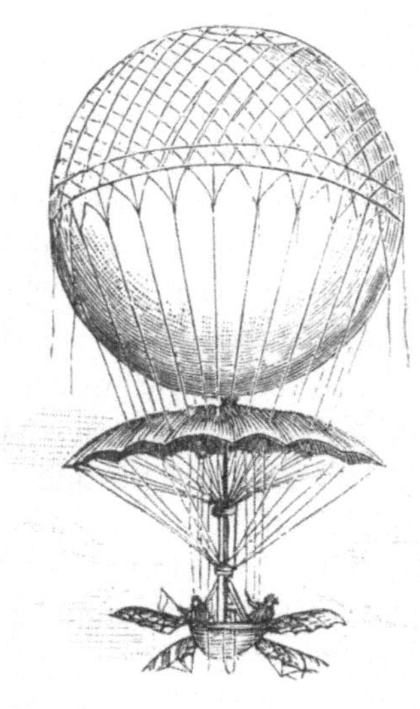

Abb. 9.

Blanchards Luftballon mit Fallvorrichtung.

Benjamin Franklin, der bei einem der ersten Aufstiege Montgolfiers zugegen gewesen war, hatte die neue Erfindung des Ballons ein kleines Kind genannt, ein Kind, über das man einstweilen gar nichts sagen könne, von dessen weiterer Entwicklung seine Bedeutung allein abhänge. Das Franklinsche Wort traf über die Maßen zu, und man kann wohl sagen, daß das Baby von 1783 die ersten hundert Jahre so gut wie gar nicht gewachsen ist.

Man konnte sich jetzt in die Luft erheben, aber man war dort ein Spielzeug der Winde. Es war ganz unmöglich, sich in der horizontalen Ebene nach Belieben fortzubewegen. Der einfache Freiballon war nicht lenkbar.

Das Bedürfnis nach lenkbaren Luftfahrzeugen war natürlich von Anfang an lebhaft. Die Wissenschaftler, die Montgolfiers und Charles, hatten indessen in weiser Selbstbeschränkung darauf verzichtet, diesem Problem näher zu treten. Blanchard, der an manchen Stellen entschieden das Benehmen eines Charlatans zeigt, hatte eines seiner Fahrzeuge mit vulgären hölzernen Schiffsrudern ausgerüstet und verkündete pomphaft, daß er seinen Ballon damit nach Belieben lenken könne. Die nächste Zeit, ja man kann wohl sagen, die erste Hälfte des 19. Jahrhunderts brachte auf dem Gebiete des lenkbaren Luftschiffes nichts anderes als groben Unfug. Einige wollten ihre Ballons durch gezähmte Adler, Tauben oder dergleichen ziehen lassen. Bei dem Adlerballon war die Steuerung sehr einfach gedacht. Man wollte ein Stück Fleisch an eine lange Stange binden und von der Gondel aus den Vögeln vor die Schnäbel halten. Da sie natürlich dem Fleisch nachfliegen müßten, war also die Lenkbarkeit bewiesen. Selbstverständlich waren alle derartigen Projekte ganz undurchführbar.

Eine andere Gruppe von Lenkbaren wollte mit Segeln arbeiten. Hier liegt nun direkt ein grober physikalischer Fehler vor. Ein Schiff kann wohl segeln, weil es mit seinem Rumpf im Wasser steckt und weil das Wasser der Bewegung einen gewissen Widerstand leistet. Es ist dadurch möglich, von der Windrichtung abzuweichen, ja sogar gegen den Wind ziemlich stark anzukreuzen. Aber die Verhältnisse ändern sich natürlich ganz gründlich bei einem Ballon, der ganz und gar in der Luft steckt. Ein solcher wird einfach von der Strömung mitgenommen, einerlei, ob er Segel setzt oder nicht.

Nachdem diese Verhältnisse erkannt waren, hat man in der zweiten Hälfte des 19. Jahrhunderts zwar die Segel für Ballonzwecke wieder hervorgeholt, aber man hat dazu ein schweres Schlepptau genommen. Wenn der Ballon ein solches Tau über den Erdboden dahinschleift, so kann der Widerstand, den das Tau findet, einigermaßen den Wasserwiderstand eines Segelbootes ersetzen. Es wird bei genügend schweren und starken Tauen möglich, bis zu 30° nach jeder Seite mit Hilfe zweckmäßig gestellter Segel von der Windrichtung abzuweichen. Diese Anordnung hatte beispielsweise der verschollene Andrée für seine Nordpolfahrt gewählt. Sonderliche praktische Bedeutung hat aber auch das Segel in richtiger Anwendung, d. h. in Verbindung mit dem Schleppseile, nicht gewinnen können.

Ein richtiger Weg wird erst erkannt, nachdem man das Vorbild des Schraubendampfschiffes für das Luftschiff heranzieht. Freilich klafft noch eine breite Lücke zwischen dem Erkennen des Richtigen und zwischen seiner praktischen Durchführung. Immerhin beginnt seit 1850 die Theorie eines lenkbaren Luftschiffes in gröbsten Formen Gestalt zu gewinnen. Man sagte sich, daß ein solches Luftschiff selbst der Luft möglichst wenig Widerstand bieten müßte, und daß man es daher am besten in die Form einer langgestreckten Zigarre oder Spindel zu bringen habe. Man sah ferner ein, daß dieses Luftschiff genügend Starrheit oder Festigkeit besitzen müsse, um durch den Winddruck nicht deformiert zu werden. An dieses zigarrenförmige Gebilde war nun eine Gondel anzusetzen. Diese mußte einen möglichst

kräftigen und doch leichten Motor aufnehmen, der eine oder mehrere Luft=
schrauben zu treiben hatte. Endlich waren Steuerorgane sowohl für die
Höhen= wie für die Seitensteuerung entweder am Ballon oder an der
Gondel anzubringen.

Soweit war das Rezept erkannt, und alle Entwürfe von 1850 ab zeigen
auch prompt alle die hier abgeleiteten Einzelteile. Ungeheuerlichkeiten,
wie man sie noch wenige Jahrzehnte früher in Projekten gefunden hatte,
haben erfreulicherweise aufgehört. Aber wenn man auch das Rezept hatte,
so fehlten doch noch alle die einzelnen Jngredienzien, aus denen es nun wirklich hätte hergestellt werden können.

Da war zunächst der Motor. Im Jahre 1850 kannte man nur die Dampfmaschine, und die war so schwer,

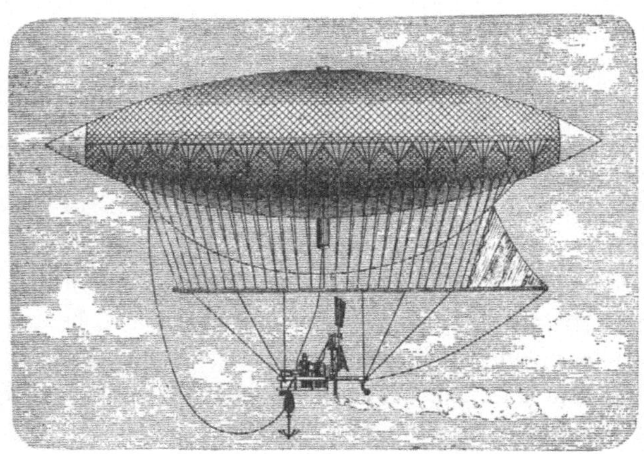

Abb. 10. Giffards lenkbares Luftschiff. 1852.

daß jedes Luftschiffprojekt, welches sie mit in Rechnung stellte, undurch=
führbar werden mußte. Einige wenige Zahlen zeigen dies am besten.
Das lebendige Pferd mag etwa 400 kg wiegen. Die hochentwickelten
Explosionsmotoren, welche wir heute in unseren Luftschiffen haben,
wiegen etwa 6 kg pro Pferdestärke. Die Dampfmaschinen waren aber
namentlich in jener Zeit kaum unter 100 kg pro Pferdestärke zu haben.
Man konnte daher im besten Falle 2—3 Pferdestärken in große Ballons
einbauen, und da diese auch nicht annähernd ausreichten, den Ballon
gegen einen auch nur mäßigen Wind vorwärts zu bringen, so kam das
Problem trotz vieler schöner Bilder nicht nennenswert vom Fleck.

Wenn wir heute irgendeine Geschichte der Luftschiffahrt aufschlagen,
so treffen wir mit unvermeidlicher Sicherheit auf die Namen Henry
Giffard, Haenlein und Dupuy de Lôme. Giffard stieg am 24. Sep=
tember 1852 mit einem Luftschiff auf (Abb. 10), dessen Ballon 44 m Länge,
12 m Durchmesser und 2500 cbm Jnhalt hatte. Jn der Gondel dieses

Luftschiffes war eine dreipferdige Dampfmaschine installiert. Wenn wir uns erinnern, daß die heutigen, kaum viel größeren Konstruktionen des Parseval usw. mehr als 100 Pferdestärken entwickeln, so dürfte es wohl einleuchten, daß Giffard mit seinen 3 Pferden nicht viel Erfolg haben konnte. In der Tat erreichte sein Aerostat auch nur eine Eigengeschwindigkeit von 3 m in der Sekunde, und da am Tage des Aufstiegs ein Wind von wenigstens 10 m Sekundengeschwindigkeit herrschte, so wurde der Ballon glatt abgetrieben. Nach diesem ersten Mißerfolg unternahm Giffard einen

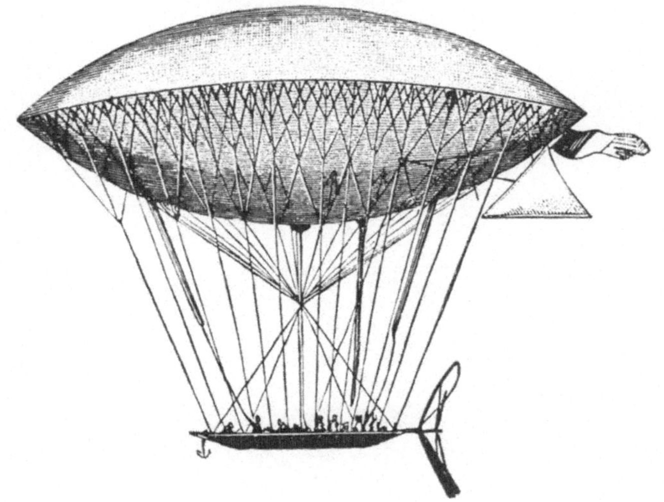

Abb. 11. Dupuy de Lômes Luftschiff.

zweiten Versuch mit schlankerer Ballonform und etwas verstärkten Maschinen. Dieser Aufstieg endigte ziemlich traurig. Beim Anstreben größerer Höhen war natürlich ein Teil des Gases infolge des abnehmenden äußeren Luftdruckes aus dem Ballon entwichen. Als das Fahrzeug sich nun wieder senkte, wurde es natürlich teilweise schlaff. Alles Gas strömte der einen Spitze zu, und die Ballonzigarre, die wagerecht in der Luft liegen sollte, stellte sich einfach senkrecht. Naturgemäß kam die Gondel dabei in Unordnung, zahlreiche Taue rissen, die Hülle wurde verletzt und in jähem Sturz ging es nach unten. Nur durch einen Zufall retteten Giffard und sein Begleiter ihr Leben. Dieser Vorfall zeigt bereits, daß auch nach Lösung der Motorfrage das Problem des lenkbaren Luftschiffes noch bei weitem nicht zu einem befriedigenden Ende geführt ist. Gerade die Stabilisierung und die sichere Erhaltung einer straffen Form werden Aufgaben von größter

Abb. 12. Paul Haenlein.

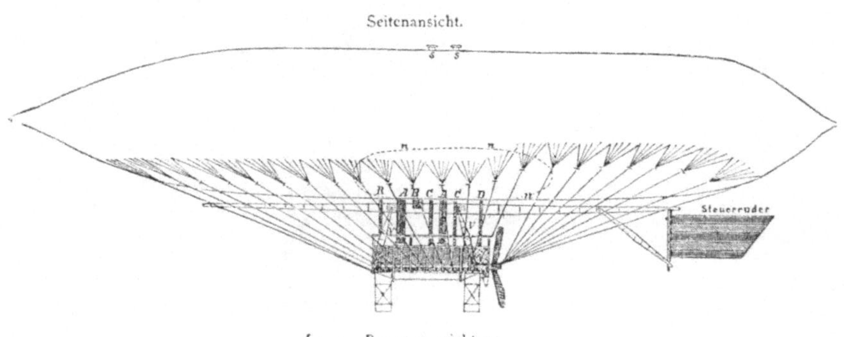

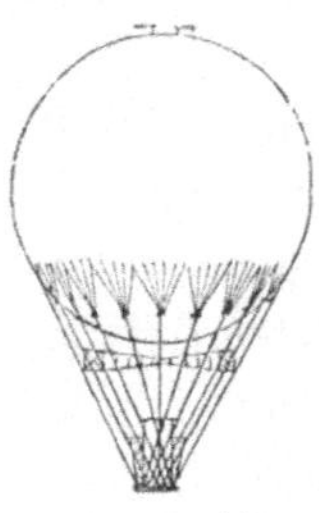

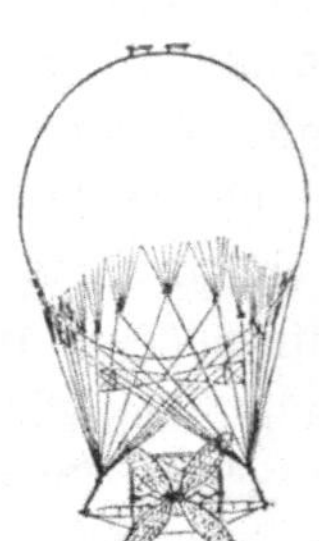

Abb. 13. Haenleins Luftschiff.

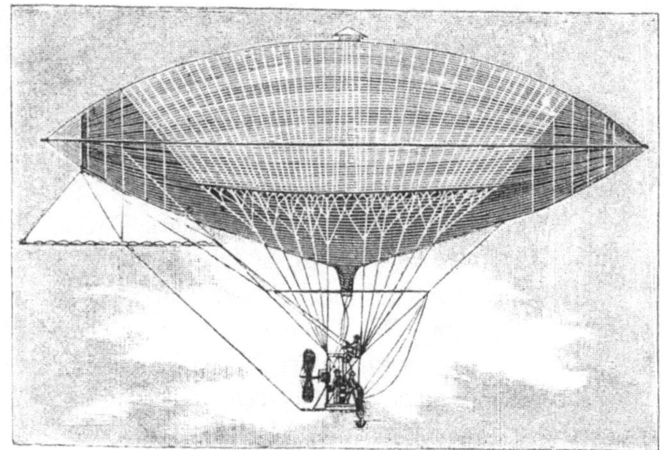

Abb. 14. Tissandiers elektrisches Luftschiff.

Wichtigkeit, sobald man einmal über einen Motor verfügt, der für den Antrieb des Fahrzeuges selbst hinreichend stark ist. Einstweilen freilich, und

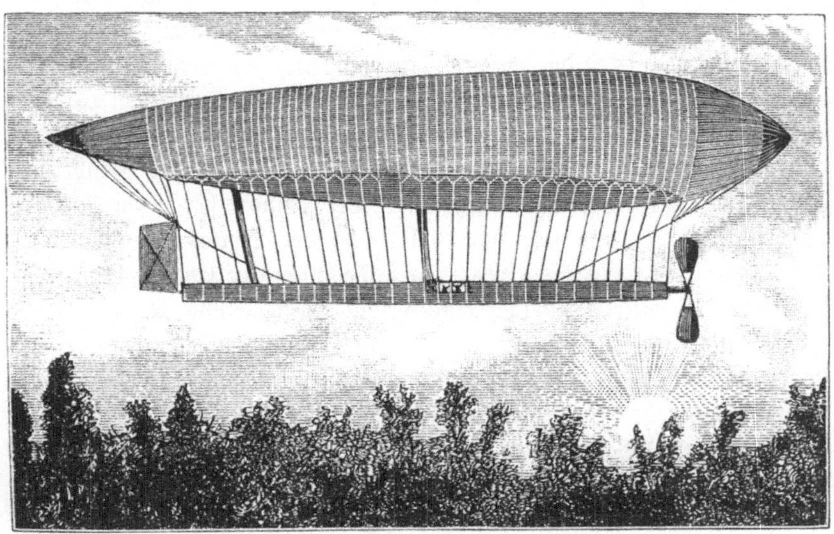

Abb. 15. Luftschiff von Renard und Krebs.

das gilt bis etwa zum Jahre 1900, bildete der Motor die Hauptschwierigkeit, und alle Versuche scheiterten an der allzu geringen Antriebskraft. So haben wir nach Giffard den französischen Marineingenieur Dupuy de Lôme, der sein Luftschiff (Abb. 11) durch die Kraft von acht Menschen in Bewegung setzen wollte. Wir haben den Ballon des deutschen Ingenieurs Paul Haenlein, der zum erstenmal einen Gasmotor verwandte, aber seine Versuche aus Geldmangel nicht zu Ende bringen konnte (Abb. 12, 13).

Der Aufschwung der Elektrotechnik führte dann in den achtziger Jahren dazu, daß man alles Heil vom Elektromotor erwartete. Die Gebrüder Tissandier in Frankreich und ebendaselbst die beiden Offiziere Renard und Krebs bauten Ballons (Abb. 14, 15), zu deren Antrieb eine Dynamomaschine nebst Elementenbatterie diente. Die Leistungen mußten naturgemäß auch hier gering sein. Die Tissandiers erzielten überhaupt keine praktischen Erfolge und verpulverten über 50 000 Franken. Renard und Krebs konnten zwar einige Male bei schwachem Winde zu ihrer Abfahrtsstelle zurückkehren, aber auch hier war die Geschwindigkeit nur sehr gering, sie kam im besten Falle auf etwa 6 m in der Sekunde. Dann aber waren die Batterien in einer knappen halben Stunde auch vollkommen erschöpft.

Man wird die Versuche des vorigen Jahrhunderts nicht schließen können, ohne auch noch zweier deutscher Erfinder zu gedenken und die Namen David Schwarz und Wölfert zu erwähnen. Die Fahrzeuge beider Erfinder stürzten beim ersten Fluge jäh zu Boden. Das Luftschiff von Wölfert geriet dabei bereits in der Luft in Flammen, und sein Konstrukteur wurde als Leiche unter den Trümmern hervorgezogen. Das Schiff von Schwarz (Abb. 16), welches völlig starr aus Aluminium hergestellt war, und in diesem Sinne, aber auch nur in diesem, als Vorläufer der Zeppelinen gelten kann, ging gleichfalls zu Bruche. Der Erfinder hat diesen Ausgang nicht mehr erlebt. Er war vor Vollendung des Werkes gestorben, seine Witwe hatte es mit Hilfe eines jungen Technikers zu Ende geführt. In beiden Fällen hatte die permanente Geldnot dazu geführt, unentbehrliche Sicherheitsmaßnahmen außer acht zu lassen. Nach dem Tode der Erfinder stockte naturgemäß auch ihr Unternehmen, und in Deutschland wurde einstweilen nicht mehr von Lenkballons gesprochen.

Die Aktien des lenkbaren Luftschiffes standen also zum Beginn des 20. Jahrhunderts beinahe hoffnungslos. Noch immer war die absprechende Kritik, welche Werner von Siemens gegeben hatte, in voller Geltung. Siemens hat in seinen wissenschaftlichen Arbeiten auch das Problem des lenkbaren Luftschiffes berührt. Als guter Physiker und praktischer Ingenieur erkannte er recht wohl die großen Schwierigkeiten, und da seine Zeit in der Tat nicht die Mittel besaß, die zu einer befriedigenden Lösung zweifellos erforderlich waren, so kam er zu einem absprechenden Urteil,

ſo mußte er die Erreichung eines wirklich vollkommenen lenkbaren Luft=
ſchiffes als unmöglich hinſtellen.

Aber um die Wende des 19. Jahrhunderts hatte ſich doch mancherlei
von Bedeutung ereignet. Die Automobiltechnik hatte ſich im Lauſe von
kaum einem Jahrzehnt in einer geradezu erſtaunlichen Art und Weiſe ent=
wickelt. Sie hatte vor allen Dingen zur Schaffung eines leichten und doch

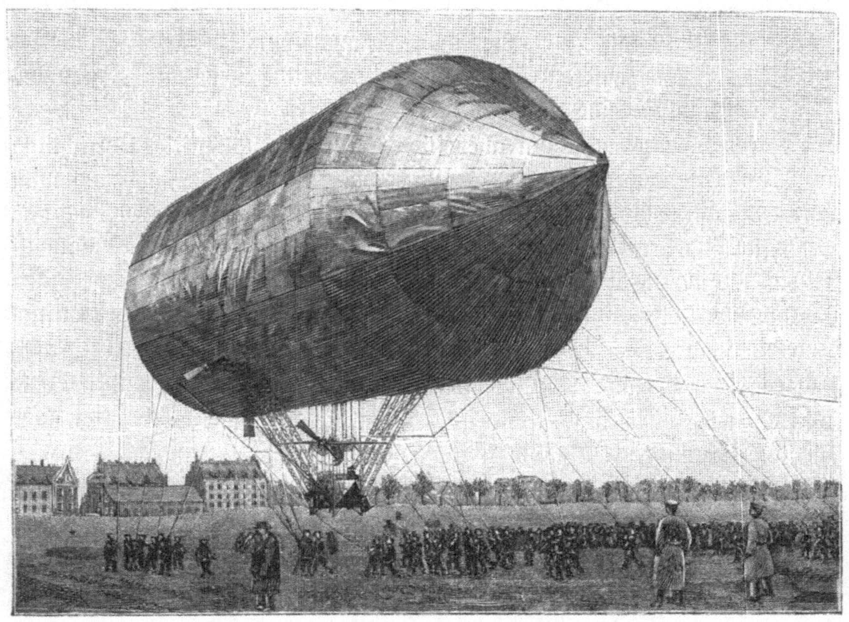

Abb. 16. Das lenkbare Aluminium=Luftſchiff von Schwarz.

kräftigen Motors geführt. Man kann wohl behaupten, daß jede Panne,
jede Betriebsſtockung, die in den letzten 10 Jahren des 19. Jahrhunderts
ein Automobiliſt erlitt, indirekt der Luftſchiffahrt zugute gekommen iſt.
Am Anfang des 20. Jahrhunderts ſtand jedenfalls im Automobilbenzin=
motor den Konſtrukteuren ein Antriebsmittel zur Verfügung, welches nicht
ſchwerer war als die Maſchinen der Giffard und Haenlein, aber dafür
das Zwanzigfache leiſtete.

Der brauchbare Motor wurde der Luftſchiffahrt fix und fertig von der
Automobiltechnik geliefert. Aber nun traten die anderen ſchwierigen Teile
des Problems erſt recht in den Vordergrund. Zunächſt einmal handelte

es sich darum, zum Motor eine passende Luftschraube zu finden. Diese Aufgabe ist zwar nicht so enorm schwierig, aber ihre Lösung hat immerhin viel Zeit und Arbeit gekostet. Mit der Vorausberechnung ist hier so gut wie gar nichts anzufangen, da wir verzweifelt wenig davon wissen, wie sich die Luft in der Umgebung der schlagenden Flügel verhält. Alle Verhältnisse der Schraube, also die Zahl ihrer Umdrehungen, ihre Steigung, ihre Flügelfläche und ihr Durchmesser, ja sogar die günstigste Flügelzahl, mußten durch Versuche ermittelt werden. So dürfte es z. B. bekannt sein, daß Zeppelin noch bis in die allerletzte Zeit an seinen Luftschrauben herumprobiert und oft zwischen zwei Fahrten erhebliche Teile der Schraubenflügel abgeschnitten hat.

Darüber hinaus war nun aber für die vorhandene Antriebsvorrichtung auch das passende Luftschiff zu konstruieren. Es ist ja bekannt, und man kann es auf den mannigfachsten Gebieten der Technik beobachten, daß zunächst Dinge zusammeninstalliert werden, die recht schlecht zusammenpassen. So waren die allerersten elektrischen Bahnwagen der Siemensschen Versuchswerkstätten in der Tat beliebige Wagen, in die man recht und schlecht einen elektrischen Antrieb hineingebaut hatte. Die ersten Kraftfahrzeuge waren alte Kutschwagen, denen der motorische Antrieb recht schlecht zu Gesichte stand. Auch die ersten Lenkballons waren von einer wirklich organischen Zusammenfügung noch himmelweit entfernt.

Vom Ballon des lenkbaren Luftschiffes wird nun folgendes verlangt. Er muß, wenigstens während des Betriebes, so unbedingt starr sein, daß er seine Form unter allen Umständen beibehält und den Motorschub ebenso wie den Winddruck sicher aushält. Zweitens muß dafür gesorgt werden, daß er sich im stabilen Gleichgewicht befindet. Weder darf er, wie seinerzeit das Giffardsche Luftschiff, sich senkrecht stellen, noch darf er um seine Längsachse pendeln, also jene Bewegungen ausführen, die man beim Schiff als „Schlingern" bezeichnet. Diese Stabilisierung des Luftschiffes erfordert wiederum eine ganze Reihe von Vorrichtungen, die begreiflicherweise erst nach und nach gefunden wurden und deren anfängliches Fehlen noch zu mancherlei Katastrophen und Stürzen führte.

Die systematische Behandlung aller dieser Dinge wurde im 20. Jahrhundert erfolgreich durchgeführt, und zwar teilen sich ausschließlich Frankreich und Deutschland in den Ruhm, das große Problem gelöst, brauchbare lenkbare Luftschiffe gebaut zu haben. Die Namenstafel des 20. Jahrhunderts enthält fünf Namen: die Franzosen Santos Dumont und Lebaudy und die Deutschen Zeppelin, Parseval und Groß.

Die Arbeiten dieser fünf Erfinder und Konstrukteure reichen verschieden weit zurück, stellenweis, wie z. B. bei Zeppelin, bis in den Anfang der neunziger Jahre des vorigen Jahrhunderts. An dieser Stelle sollen sie in der Reihenfolge behandelt werden, in welcher sie mit ihren Arbeiten an die Öffentlichkeit traten und die große Menge interessierten.

Als erster muß dann wohl der in Frankreich ansässige Brasilianer Santos Dumont genannt werden (Abb. 17). Dieser Mann, welcher über ein Millionenvermögen verfügte, er=
baute in der kurzen Zeit von 1899 bis 1905 vierzehn verschiedene Luftschiffe und erzielte damit recht schöne Erfolge. Er erreichte die Starrheit seiner Fahr= zeuge vornehmlich durch sogenannte Ballonnetten. Im Innern seines voll= kommen geschlossenen Ballons befand sich ein kleinerer Ballon, welcher mit der äußeren Luft in Verbindung stand und durch einen Ventilator kräftig auf= geblasen werden konnte. Durch diese Vorrichtung, die wir auch bei allen anderen Konstruktionen, mit Ausnahme der Zeppelinschiffe, wiederfinden, wurde es möglich, einem an sich unstarren Ballon die notwendige Starrheit voll= ständig zu verleihen. Ähnlich, wie man etwa einen Fahrradpneumatik beliebig

hart aufblasen kann, konnte man dem Ballon die gewünschte Härte verleihen.

Santos Dumont fing mit einem recht kleinen Modell von nur 180 cbm Inhalt mit einem nur dreipferdigen Motor an. Seine nächsten beiden Modelle behielten den schwachen Motor, während die Größe bis auf 500 cbm Inhalt stieg. Mit seinen ersten Modellen erprobte er vornehmlich die Steuervorrichtungen und erlitt mehrfach Havarien und Abstürze, bei denen er bisweilen nur durch Zufall mit dem Leben davonkam.

Sein viertes Modell erhielt bereits einen siebenpferdigen Motor. Ihm folgte das fünfte Fahrzeug mit 12 Pferdestärken. Hierüber berichtet Hilde= brandt:

„Am 12. Juli begannen die Aufstiege. Nach zehnmaliger Fahrt um die Rennbahn von Longchamps und Zurücklegung einer Strecke von

35 km wurde der Kurs zum Eiffelturm gerichtet. Eine unterwegs ge=
rissene Zugschnur des Steuers wurde im Trocaderogarten repariert und
dann der Plan, den Eiffelturm zu umkreisen, ausgeführt. Nach einer
Fahrt von einer Stunde sechs Minuten erfolgte die Landung an der
Ballonhalle.

„Für den folgenden Tag rief Santos Dumont die Kommission zu=
sammen, welche die Jury bildete für den von Deutsch de la Meurthe
ausgeschriebenen Preis von 100 000 Franken, die derjenige erhalten
sollte, dem es gelingen würde, in 30 Minuten den Eiffelturm zu um=
kreisen und zur Auffahrtsstelle nach St. Cloud zurückzukehren. Die Fahrt
mißglückte infolge Versagens des Motors, und es erfolgte ein Absturz
auf einen Kastanienbaum im Garten des Herrn von Rothschild.

„Am 8. August wurde der Versuch noch einmal wiederholt und endete
mit dem vierten Absturz von Santos Dumont. Dieses Mal wäre bei=
nahe eine Katastrophe erfolgt, da der Ballon geplatzt war und das
Gestell über die Dächer eines Hauses des Trocaderoviertels in den
Lichthof stürzte. Die Feuerwehr befreite den Luftschiffer aus seiner
gefährlichen Lage durch Herablassen von Tauen von den Dächern aus.
Die Hülle des Ballons bestand nur noch aus Fetzen."

Es ist bezeichnend für die Tatkraft des Mannes, daß er noch an dem=
selben Abend, an welchem das Unglück passiert war, den Plan für seinen
sechsten Ballon ausarbeitete. Unermüdlich betrieb er die Fertigstellung
desselben, und nach 22 Tagen schon konnte ein neuer Aufstieg erfolgen.

Bei diesem Typ war ganz besondere Sorgfalt den Ventilen, deren
Undichtigkeit den letzten Absturz verschuldet hatte, und den Teilen ge=
widmet, von deren Funktionieren die Starrheit der Form abhängig war.
Dem Ballonnett wurde deshalb ständig Luft durch einen Ventilator zu=
geführt, deren überschüssige Menge durch ein automatisches, auf bestimmten
Druck eingestelltes Ventil entweichen konnte.

Nach einigen mißglückten Versuchen gelang es Santos Dumont mit
der Nr. VI, den Eiffelturm zu umkreisen und dafür den Deutschpreis zu
erlangen. Er hatte zwar die Bedingung, innerhalb 30 Minuten am Ab=
fahrtsorte wieder zu landen, nicht erfüllt, aber weil er in 29 Minuten
30 Sekunden sich bereits über dieser Stelle befunden und die vorgeschriebene
Zeit bei der tatsächlichen Landung nur um 30 Sekunden überschritten hatte,
erkannte man ihm mit 13 gegen 9 Stimmen bei 3 Stimmenthaltungen
doch den Preis zu. Die erreichte Geschwindigkeit betrug 6,5 bis 7 m pro
Sekunde, also nicht viel mehr als die von Renard und Krebs schon 1885 erzielte.

Bereits durch diese bisher erreichten Erfolge hatte Santos Dumont die Frage der lenkbaren Luftschiffahrt erheblich gefördert. Er verstand es, die Presse für sich zu interessieren und seine Erfolge weitesten Kreisen bekannt zu geben. Man mag darüber streiten, ob etwas Derartiges wissen=

Abb. 18. Lenkballon IX von Santos Dumont.

schaftlich oder unwissenschaftlich ist. Wird es doch gerade in Deutschland vielfach beliebt, Presse und Öffentlichkeit von wichtigen Erfolgen nicht zu benachrichtigen, ja womöglich absichtlich auszuschließen. Eins ist jedenfalls sicher, daß Santos Dumont mit seiner Art, die Öffentlichkeit auf dem Laufenden zu halten, die allerbesten Erfolge hatte. Man interessierte sich für ihn, für seine Versuche und schließlich auch wieder für das Problem des lenkbaren Luftschiffes, welches seit den Versuchen von Krebs und

Renard beinahe tot gewesen war. Man gewann wieder Zutrauen, daß die Beherrschung des Luftozeans vielleicht doch möglich werden würde, man verfolgte die Versuche von Santos Dumont mit wachsendem Interesse, und andere Millionäre, die sich bisher reserviert verhalten hatten, wie beispielsweise Angehörige der bekannten französischen Zuckerfabrikantenfamilie Lebaudy und der Sportsmann Henry Deutsch, wandten sich selbst dem Bau von Fahrzeugen zu, und um 1904 standen die Dinge so, daß man in Frankreich vor aller Welt einen gewaltigen Vorsprung hatte. Die Fahrzeuge waren einigermaßen betriebssicher, konnten gegen einen mittelstarken Wind immer noch anfahren und kamen normalerweise wieder unbeschädigt zu ihren Hallen zurück. Dabei wuchs die Stärke der Motoren und betrug bei dem Lebaudyschen Fahrzeug des Jahres 1904 (Abb. 19) bereits 40 Pferdestärken.

Man war jetzt so weit gekommen, daß der Ballon auch in seiner Form als Lenkballon das Interesse der Landesverteidigung erregte und man von ihr aus den Gebrüdern Lebaudy näher trat. Eine Kommission wurde zu diesem Zwecke im Kriegsministerium ernannt; sie bestand aus dem Kommandeur der Luftschifferabteilung Bouttiaux, dem Major Viard und dem Kapitän Voyer.

Den Gebrüdern Lebaudy wurde ein bestimmtes Programm vorgeschrieben. Von Moisson sollten sie ins Truppenlager nach Chalons fahren und dort einige Versuche anstellen; demnächst hatten sie ihr Fahrzeug nach Toul und Verdun zu schaffen und Erkundungen auszuführen. Drei Monate lang sollte der Ballon in Tätigkeit bleiben und immer im Freien verankert werden. Um das letztere zu ermöglichen, waren von Ingenieur Julliot und Major Bouttiaux besondere Einrichtungen am Gerüst angebracht, die sich aber in der Folge nicht bewährt haben.

Am 3. Juli, 3⁴³ Uhr früh, fuhr der Ballon von Moisson nach Meaux ab mit Voyer, Juchmés und Rey an Bord. Nach 2 Stunden 35 Minuten war die 91 km in Luftlinie betragende Entfernung zurückgelegt, und das Fahrzeug landete genau an der vorher bezeichneten Stelle des Rennplatzes, erwartet von seinem Besitzer Peter Lebaudy und seinem Erbauer. Die größte erreichte Höhe betrug 480 m, an Ballast waren 100 kg verbraucht.

Am 4. Juli ging der „Lenkbare", diesmal mit Major Bouttiaux, um 4³⁸ Uhr früh in Meaux hoch und erlangte gegen kräftigen Ostwind eine Geschwindigkeit von 15 bis 20 km die Stunde. Er landete 5²⁵ Uhr früh, wie ihm aufgetragen war, beim Orte Sept-Sorts. Obgleich der Ballon

hier durch einen Gewittersturm in der Nacht beschädigt wurde, konnte er
dennoch am nächstfolgenden Tage, am 6. Juli, seine Fahrt fortsetzen. Um
7⁵⁹ Uhr vormittags flog er von Meaux über Chateau Thierry nach Chalons,

Abb. 19. Das Luftschiff von Lebaudy.

woselbst um 11²¹ Uhr vormittags nach 3 Stunden 21 Minuten die Landung
erfolgte. Die Luftlinie betrug 93,12, der zurückgelegte Weg 98 km.

Das an den Bäumen verankerte Fahrzeug wurde kurze Zeit nach der
Landung durch einen über die weite Ebene des Truppenübungsplatzes

mit ungeschwächter Kraft hereinbrechenden Sturm von der Seite gefaßt, nach Zerreißen der Verankerungen 300 m weit über Telegraphendrähte geschleift und schließlich mit aller Gewalt gegen Bäume geschleudert. Die Hülle wurde dabei vollständig zerstört, aber drei in der Gondel als Wache zurückgelassene Soldaten hatten keine besonderen Verletzungen erlitten.

Zur sofortigen Ausführung der Reparaturen stellte der Kriegsminister den Gebrüdern Lebaudy in Toul Material, Räumlichkeiten und Personal zur Verfügung. Es ist erstaunlich, in welch kurzer Zeit die Herstellung des Ballons vor sich ging, und es spricht sehr für die Brauchbarkeit des Fahrzeuges im Kriegsfalle, daß ohne jegliche Vorbereitung, unabhängig von der bisherigen Fabrik in Moisson, der Bau so glatt von statten gehen konnte. Nicht zum wenigsten ist das Gelingen dem hervorragenden In=genieur Julliot zu danken, der in außerordentlich geschickter Weise über alle Hilfskräfte zu verfügen vermochte. Eine Reitbahn des 39. Artillerie=regiments wurde sofort als Ballonwerkstatt eingerichtet. Da eine Halle nicht so schnell errichtet werden konnte, wurde noch eine zweite Reitbahn zur Verfügung gestellt. In dieser grub man den Boden in schräger Rich=tung so tief ab, daß der Ballon mit seiner Gondel in dem gewonnenen Raume bequem Platz hatte. Neben diesem improvisierten „Hangar" wurde die Gasanstalt angelegt, das erforderliche Eisen und die Schwefelsäure, Wäscher, Trockner usw. bereitgestellt.

Dank der gut ineinandergreifenden, fieberhaften Tätigkeit von zirka 150 Personen konnte am 21. September, also nur 11 Wochen nach dem Unfalle, mit der Füllung des wiederhergestellten und noch verbesserten Fahrzeuges begonnen werden. Obgleich am 8. Oktober windiges und regnerisches Wetter herrschte, entschloß sich Julliot, an diesem Tage die neue Reihe der Versuchsfahrten beginnen zu lassen, weil der Kriegsminister sich gerade zufällig auf einer Inspektionsreise in Toul befand.

Die Fahrt ging über Toul hinweg. Über dem Militärhospital, in welchem sich der Kriegsminister bei seiner Besichtigung befand, wurden einige kurze Evolutionen ausgeführt, nach welchen man zur Halle zurückfuhr. Eine große militärische Erkundung mit dem Ingenieuroffizier der Festung, dem Kapitän Voyer, Juchmés und Rey an Bord war für den 12. Oktober als Aufgabe gestellt. Die Fahrt begann 7³⁶ Uhr vormittags mit 423 kg Ballast und führte über das Fort von Gondreville, den Wald von Haye und alle Befestigungswerke bei Nancy; über den Kasernen dieser Festung wurde gewendet und direkt nach Toul zurückgefahren. Um 9 Uhr vormittags landete der Ballon inmitten der bereitstehenden Soldaten. In 2 Stunden

Abb. 20. Das französische Luftschiff „La Patrie".

Abb. 21. Das französische Luftschiff „Ville de Paris".

14 Minuten waren 52 km zurückgelegt; die größte Höhe hatte 680 m be=
tragen.

Am 18. Oktober 1904 erfolgte der 72. Aufstieg mit diesmal fünf Per=
sonen an Bord. Es sollten in erster Linie photographische Erkundungen
der Festungswerke vorgenommen und gelegentlich in eine vorher bestimmte
Batterie ein Sandsack herabgeworfen werden, dessen Gewicht dem einer
Granate entsprach. In präzisester Weise wurden alle Aufgaben erfüllt,
und der Ballon hatte trotz der großen Gewichtserleichterung nur eine
Höhe von 550 m erreicht. Mit Hilfe des Ventilators, welcher in der Sekunde
1 cbm Luft in die Luftkammern zu blasen vermochte, wurde der Gewichts=

Abb. 22.	Lenkballon Bayard=Clement.

verlust von 20 kg mit 18 cbm Luft schnell wieder ersetzt und der Ballon
so am Steigen gehindert.

Es folgte nun eine Reihe von Aufstiegen, bei denen Generale, Adju=
tanten höherer Stäbe und Luftschifferoffiziere mitfuhren; kein Zwischen=
fall ereignete sich trotz des häufig nicht gerade ruhigen Wetters.

Am 10. November wurde der Ballon außer Dienst gestellt und ver=
blieb nach einer wahrhaft glänzenden Kampagne in Toul in Winterquartier.

Auf Grund dieser Fahrten beschloß die französische Regierung, weitere
Versuche mit Luftschiffen des Lebaudytyps zu unternehmen. Zunächst wurde
ein neues, etwas größeres Luftschiff bestellt, welches unter dem Namen „La
Patrie“ weithin bekannt geworden ist (Abb. 20). Es bestand dabei die Absicht,
unter allmählicher Weiterausbildung und Verbesserung des Typs möglichst
schnell einen Park von sechs derartigen Luftschiffen für die hauptsächlichen
Grenzfestungen herzustellen. Die Fahrten der „Patrie“ erstreckten sich über

Abb. 23.: Der Bayard-Clement in der Seine.

Das für Rußland erbaute Luftschiff erlitt bei der Probefahrt einen Unfall und stürzte in die Seine.
Unser Bild zeigt die Bergungsarbeiten.

die Jahre 1905 und 1906, und in der Erinnerung dürfte es noch sein, wie
sie schließlich vom Sturme entführt wurde und, ein wahrer fliegender Hol-
länder, nach Norden davonirrte, in Irland einmal auf den Boden aufsetzte,
dabei schwere Maschinen- und Propellerteile abstieß und dann auf Nimmerwiedersehen dem Atlantischen Ozean zutrieb.

Nach jenem Unfall stellte der bereits erwähnte Henry Deutsch der
französischen Regierung sein eigenes Luftschiff, die „Ville de Paris" zur Verfügung, welches besonders durch die eigenartige Form der Stabilisierungs-
körper gekennzeichnet war (Abb. 21).   An Stelle der sonst wohl üblichen
Flächen besaß das Luftschiff wulstige Nebenballons, die wir in ähnlicher
Form, nur noch in vergrößertem Maße, auf dem dritten französischen
Luftschifftypus jener Jahre, dem Fahrzeug von Bayard-Clement
(Abb. 22) finden.   So hat also die französische Luftschiffahrt eine Reihe
von Jahren ruhiger und stetiger Entwicklung zu verzeichnen gehabt, bis sie
ganz neuerdings von einem äußerst schweren Unfall betroffen wurde.   Das
Militärluftschiff „République" verlor im September 1909 einen Propeller-
flügel.   Dieser durchschlug die Hülle, so daß das ganze Fahrzeug aus einer
Höhe von 100 m herabstürzte, wobei die vier Insassen getötet wurden.

Seit den Lebaudyschen Erfolgen vergingen zunächst Jahre, ohne
daß Deutschland etwas Ähnliches aufzuweisen gehabt hätte.   Freilich
beschäftigte sich hier der General der Kavallerie Graf von Zeppelin
(Abb. 24) bereits seit langer Zeit mit dem Problem.   Er hatte sein Versuchs-
lager bei Friedrichshafen am Bodensee aufgeschlagen, weil er von der richtigen
Ansicht ausging, daß Probefahrten und Landungen, wenn dieser Ausdruck
überhaupt gestattet ist, über einer Wasserfläche sehr viel günstiger und ohne
die Aussichten auf schwere Havarien durchgeführt werden könnten, als über
festem Lande.   Des weiteren muß rühmend hervorgehoben werden, daß
Graf Zeppelin von Anfang an logisch und großzügig vorging.   Er tat keinen
Schritt, ohne sich genau über dessen Richtigkeit und Berechtigung informiert
zu haben.   Ebenso sicher ist es auch, daß gerade Zeppelin in einer außergewöhnlichen Weise vom Pech verfolgt wurde, und daß ihm die endliche
Durchsetzung seiner Ideen nur durch einen ganz außergewöhnlichen Auf-
wand von Ausdauer und Nervenkraft gelang.

Zeppelin ging bei seinen Konstruktionen von einem anderen Standpunkte aus als die Franzosen.   Er wollte die Starrheit seines Ballons
nicht nach dem Pneumatikprinzip, d. h. durch inneren Gasüberdruck, erzielen; er verfolgte vielmehr die Idee, die Starrheit durch ein festes, metal-
lisches Gerippe zu erreichen.   Als Konstruktionsmaterial wählte er eine

leichte Aluminiumlegierung. Sein Ballon hatte die Gestalt eines langen achteckigen Zylinders, dessen Enden parabolisch zugeschärft waren. Ein derartiges Gerippe mußte begreiflicherweise ein nicht unbeträchtliches Gewicht bekommen. Zeppelin war daher von Anfang an genötigt, sehr viel größere Fahrzeuge zu bauen, als die anderen Konstrukteure. Während beispielsweise Santos Dumont mit einem winzigen Fahrzeug von 1800 cbm begann, mußte Zeppelin ein Luftschiff von mehr als 100 m in der Länge bauen, welches einen Inhalt von rund 10 000 cbm hatte. Dafür konnte er freilich von Anfang an ziemlich starke Motoren wählen. Schon sein erstes Luftschiff zeigte eine Fülle wertvoller und vorteilhafter Einzelheiten. Dazu gehörte z. B. eine doppelte Hülle. Das Aluminiumgerippe ist außen mit einem glatten Stoffüberzug bespannt und trägt innen die Gasballons. Dadurch ist eine unmittelbare Erwärmung des Gases durch die Sonnenbestrahlung fast ausgeschlossen, und das Luftschiff wird nicht, wie die anderen Konstruktionen, durch abwechselnde Sonnenbestrahlung und Beschattung in seinem Gleichgewicht gestört.

Die Versuche mit dem ersten Zeppelinschen Luftschiff begannen im Jahre 1900. Über ein Dutzend Jahre können wir daher heute die Erfolge

Abb. 24. Graf von Zeppelin.

und Mißerfolge des schwäbischen Grafen überblicken und können versuchen, ein objektives Bild seines Systems zu entwerfen.

Wer immer einmal ein Zeppelinluftschiff während der Fahrt beobachtet hat — und das haben wohl die meisten Deutschen —, der war entzückt von dieser Vereinigung von Grazie und Kraft, die den Zeppelin-Schiffen innewohnt. Sie machen gegenüber den aufgepumpten Gasblasen der anderen Systeme einen überzeugenden Eindruck, wirken gewissermaßen wie eine elegante Kreuzung von Bleistift und Granate. Es unterliegt auch heute keinem Zweifel mehr, daß die Grundidee Zeppelins durchaus richtig ist, daß ein starres Luftschiff sich im Laufe der weiteren Jahre und Jahrzehnte sicher einmal durchsetzen wird. Die zahlreichen Gegner seines Systems, welche seine Mißerfolge unnützlich im Munde führen, sollten nicht vergessen, daß auch die unstarren Systeme manche Katastrophen zu verzeichnen haben, und daß der Absturz eines unstarren Luftschiffes, dessen Hülle in der Luft platzt, unendlich viel grauenhafter ist, als die Beschädigung und Notlandung eines starren Schiffes. In der Luft ist das starre Schiff heute zweifellos vollkommen. Bei Landungen und namentlich bei Notlandungen ist es schwer bedroht. Es liegt in seinem Wesen, daß es jeden Sturm abwettern muß und daß es nur zwei Möglichkeiten gibt, ihn zu überstehen oder in Trümmer zu gehen.

Demgegenüber haben die unstarren Systeme den gewaltigen Vorteil, daß sie einfach aufgerissen, entleert und zusammengepackt werden können. Es ist daher wohl begreiflich, daß beispielsweise das Kriegsministerium, welches mit dem Gelde der Steuerzahler haushalten und möglichst schnell möglichst große Erfolge erzielen soll, pflichtgemäß den unstarren Systemen den Vorzug gibt. Aber die Millionenspende des Jahres 1908, welche das deutsche Volk in einmütiger Begeisterung für den Grafen Zeppelin aufbrachte, setzt diesen ja instand, seine Versuche unabhängig von lukrativen Aufträgen fortzusetzen und sein starres System weiter zu bilden, bis es endlich einmal auch den Stürmen auf festem Lande trotzen kann. Wenn wir uns erinnern, daß bis zum Jahre 1908 eine Landung überhaupt nur auf dem Wasser für möglich gehalten wurde und daß die „Zeppelinen" inzwischen auch bereits recht viele Landungen unter sehr ungünstigen Verhältnissen auf dem harten Boden glücklich durchgeführt haben, so wird doch ein steter Fortschritt erkennbar, eine Entwickelung, die von der sicheren Wasserlandung zur Landung auf festem Boden und schließlich auch zur sicheren Sturmlandung führt.

Nach diesen Vorbemerkungen mag nun auf die geschichtlichen Ereignisse im Lebensgange des starren Systemes eingegangen werden. Sie sind in der Tat nicht gerade herzerfreuend. Am 2. Juli 1900 stürzt das vom Grafen geführte Luftschiff in den Bodensee und wird stark beschädigt von Dampfern in die Bergehalle zurückgeschleppt. Die nächste Fahrt mit dem reparierten Schiff findet am 17. Oktober statt. Wieder wird das Schiff von Dampfern ins Schlepptau genommen und in die Halle gebracht. Das war ein schwerer Schlag. Aber immerhin hatte jener „Z. I" in der Luft eine Geschwindigkeit von 9 m pro Sekunde erreicht. Das Schiff hatte damit alle anderen bis dahin existierenden Systeme an Geschwindigkeit geschlagen.

Fünf Jahre muß der Graf seine Versuche ruhen lassen und die nötigen Mittel zum Weiterbau auftreiben. Am 30. November 1905 steigt „Z. II" auf, muß jedoch wegen Defektes am vorderen Steuer schnell niedergehen. Das Luftschiff wird von Dampfern geborgen. Am 18. Januar 1906 erfolgt ein neuer Aufstieg. Ein Motordefekt beraubt das Schiff der Eigenbewegung,

Abb. 25. Zeppelins Luftschiff. Vorderansicht.

es wird ins Allgäu vertrieben, landet und wird vom Winde völlig zerstört. „Z. I" und „Z. II" waren damit erledigt.

Doch unermüdlich baute der Graf weiter, und schon im September konnte ein neues Luftschiff „Z. III" seine Probefahrten aufnehmen. Und jetzt brachten die Fahrten glänzende Erfolge. „Z. III" erreichte eine Geschwindigkeit von 14 Sekundenmetern und führte eine große Zahl gelungener Fahrten aus. Jene Erfolge halfen dem Grafen Zeppelin gewissermaßen über den toten Punkt. Er bekam von Reichs .wegen den Auftrag, zwei Schiffe zu liefern, und Deutschland, welches noch vor zwei Jahren in der Aeronautik weit zurückstand, schien mit einem Schlage die Führung auf diesem Gebiete zu haben.

Der Graf bestimmte jenes glückliche Schiff „Z. III" für das Reich und begann alsbald den Bau von „Z. IV". Immer größer wurden dabei die Dimensionen, immer stärker die Motoren. Die Bedingungen des Kriegs-

Abb. 26. Der „Z. II" bei Göppingen nach dem Unfall.

ministeriums waren recht scharf, aber der Graf, im Vertrauen auf sein System, verschärfte sie selber noch mehr und trat am 4. August des Jahres 1908 mit dem „Z. IV" jene denkwürdige Fahrt an, die vom Bodensee nach Mainz führen sollte und bei Echterdingen ihr dramatisches Ende fand. In wenigen Sekunden war aus dem stolzen Schiff ein Wrack geworden. Doch nun trat das deutsche Volk für den Grafen ein und zeichnete im Laufe weniger Wochen 6 Millionen Mark. Unverzüglich begann der Bau eines neuen Luftschiffes „Z. V". Mit diesem unternahm der Graf am Pfingstsonnabend des Jahres 1909 jene gewaltige Fahrt, die von Friedrichshafen bis nach Bitterfeld und wieder zurück, d. h. über rund 1400 Kilometer führte. Bei

Abb. 27. „Zeppelin IV" (1908).

Göppingen wurde das Schiff beschädigt, erreichte jedoch mit eigener Kraft den Hafen und wurde repariert und zusammen mit „Z. III“ von der Militärverwaltung übernommen.

Und schon lag inzwischen „Z. VI“ auf dem Stapel. Am 28. August 1909 kam „Z. VI“ vom Bodensee her nach Berlin. Das Schiff hatte an Motor= und Propellerdefekten zu leiden, die natürlich mit dem starren System an sich gar nichts zu tun haben. Es mußte auf der Rückfahrt von

Abb. 28.   Das Zeppelin=Luftschiff über Leipzig am 28. August 1909.

Berlin nach Friedrichshafen bei Bülzig eine Notladung vornehmen, weil ein abspringender Propeller eine Gaszelle zerschlug. Fünf Tage lag das Schiff dort bei schwerem Sturm auf freiem Felde verankert. Dann konnte es nach vollzogener Reparatur die Rückreise fortsetzen. Gerade dieses Vor= kommnis zeugt glänzend für das starre System. Doch schon wenige Monate später wurde das Feuer dem „Z. VI“ bei Dos im Schwarzwalde ver= hängnisvoll. Das schöne Schiff verbrannte.

Noch erheblich kürzer war die Laufbahn des „Z. VII“, der im Juni 1910 unter dem Namen „Deutschland“ auf die Reise ging. Die „Deutschland“ sollte Passagierfahrten machen und unternahm am 28. Juni 1910 eine Fahrt

Abb. 29 u. 30. Verankerung des „Z. III" bei Landlandungen (die Unglücksstelle bei Bülzig am 31. August 1909) (*).

Beim oberen Bilde ist der reparierte Gasballon freiliegend zu sehen. Die äußere Hülle fehlt noch.

Unten: Versteifung der vorderen Streben durch Birkenstämme sowie Hilfeleistung von etwa 100 Soldaten, um ein Losreißen des Ballons infolge starken Sturmes zu verhindern. Außerdem wurde das Luftschiff noch gehalten von vier Drahtseilen, die an einem in die Erde eingelassenen Ziegelwagen befestigt waren.

Abb. 31. Holzgerippe des Rettigschen Luftschiffkörpers. Gesamtaufnahme von der Seite.

Abb. 32. Holzgerippe des Rettigschen Luftschiffkörpers. Aufnahme von innen in der Längsrichtung.

mit der eingeladenen Presse. Sie geriet in einen Sturm, mußte in den Eichen des Teutoburger Waldes eine Notlandung vornehmen und wurde zerstört.

Aber als Ersatz für das zerstörte Schiff lag schon „Z. VIII“ fertig da. Inzwischen kam eine neue Katastrophe dazwischen. Die „Z. V“ wurde auf der Rückfahrt von der Homburger Kaiserparade bei Weilburg zu einer Not= landung gezwungen und zerstört. Und wieder wenige Monate später, am 16. Mai 1911, wurde die „Ersatz Deutschland“ durch einen bösen Sturm direkt neben der Düsseldorfer Bergehalle vernichtet. Der Graf schritt sofort zum Bau einer zweiten „Ersatz Deutschland“, wobei der Umstand glücklich mitwirkte, daß ein beträchtlicher Teil der Aluminiumkonstruktion des in Düsseldorf zerstörten Schiffes und ebenso die Ballonnettes, die Hülle und der größte Teil des Gondelmaterials Verwendung finden konnte. So war das neue Schiff bereits zwei Monate nach jener Katastrophe wieder flugbereit. Es erhielt vor der ersten Fahrt den Namen „Schwaben“ und es hat, während diese Zeilen in Druck gehen, mehr als fünfzig glück= liche Fahrten ausgeführt.

So sind in zwölf Jahren neun Zeppelinschiffe gebaut, von denen „Z. II“ freiwillig demontiert wurde, „Z. III“, jenes glückliche Schiff aus dem Jahre 1906, noch im Besitz der Militärverwaltung und in Metz stationiert ist, die „Schwaben“ im Besitze der „Delag“ Passagierfahrten ausführt, während sechs Schiffe in Katastrophen zugrunde gingen.

Das ist fürwahr eine böse Liste. Aber wenn wir uns erinnern, daß Santos Dumont 8 Luftschiffe baute und verlor, bevor er Erfolg hatte, daß der unermüdliche Blériot etwa 24 Flugmaschinen konstruierte und bei Probeflügen zerbrach, bevor er zum Erfolge kam, so brauchen wir trotz alledem und alledem am endgültigen Erfolge des starren Systems nicht zu verzweifeln. Die technische Idee des Grafen Zeppelin an sich ist besser als irgend ein anderes Prinzip, und der fortschreitenden Technik wird es ganz sicher gelingen, starre Luftschiffe zu erstellen, die jedem Sturme trotzen. Wenn der Graf auch beinahe 2 Jahre hindurch seine Neubauten auf das Notwendigste beschränkt hat, so darf man dies nur als Beweis dafür nehmen, daß die Frage erst einmal in allen Einzelheiten wissenschaftlich neu durchgearbeitet wird und daß über lang oder kurz ein sehr viel stärkerer und zuverlässigerer Bau herauskommen wird.

In der Tat hat sich denn auch trotz mancher Mißerfolge des Grafen Zeppelin immer mehr die Überzeugung Bahn gebrochen, daß das zuerst so viel angefeindete starre System wohl die größte Zukunft hat, und auch

an anderen Orten baut man jetzt in Deutschland in diesem Sinne. Be=
sondere Erwähnung verdient dabei das Projekt des wohlbekannten Ober=
baurates Rettig, der das Gerippe seines Luftschiffes aus Holz herstellen
will. Unsere Abbildungen 31 und 32 veranschaulichen die ihm patentierte
Anordnung, welche gute Starrheit mit großer Elastizität vereinigt. Wenn
wir uns erinnern, daß das Holz für leichte Schiffbauten, für alle Sport=
segelboote heute noch als beinahe alleiniges Material in Frage kommt, so
kann man den Rettigschen Plänen eine gewisse Bedeutung nicht absprechen.

Durch die Zeppelinschen Arbeiten
allein hätte sich Deutschland die un=
bedingte Vorherrschaft auf dem Ge=
biete der Luftschiffahrt sichern können.
Aber darüber hinaus wurde noch an
zwei anderen Stellen derart glücklich
gearbeitet, daß die Erfolge jeder ein=
zelnen allein die Errungenschaften des
Auslandes übertreffen. An erster
Stelle muß hier der bayrische Major
von Parseval genannt werden
(Abb. 33). Parseval hatte sich bereits
in früheren Jahren dadurch einen Na=
men gemacht, daß er in Gemeinschaft
mit dem inzwischen so tragisch
ums Leben gekommenen Hauptmann
von Sigsfeld im Jahre 1897 einen
Drachenballon konstruierte, auf den
in einem anderen Abschnitt dieses
Buches zurückgekommen werden soll.

Abb. 33. Major von Parseval.

Schon bei diesem Drachenballon lag die Aufgabe vor, eine Konstruktion zu
schaffen, die in keiner Weise sperrig war, die sich vielmehr nach der Ent=
leerung schnell und auf kleinstem Raume verpacken ließ. Der Drachen=
Fesselballon, der ja ausschließlich für die Zwecke des Militärs bestimmt war,
mußte natürlich auch den Anforderungen entsprechen, die von militärischen
Gesichtspunkten aus, also insbesondere hinsichtlich der Feldmarschmäßigkeit,
gestellt werden mußten.

Schon bei dieser Arbeit tauchte die Idee auf, auch einen ähnlichen Lenk=
ballon zu konstruieren, und auf Grund der hier gesammelten Erfahrungen
entwarf der Major von Parseval ein solches Luftschiff im Jahre 1900. Aber

einstweilen blieben die Versuche unvollendet liegen, und erst im Jahre 1904 wurden die Arbeiten neu aufgenommen, die wichtigsten Teile des Luft=schiffes neu umkonstruiert, und im Jahre 1906 konnte das Parsevalschiff dem Luftschifferbataillon in Berlin vorgeführt werden.

Bei der Konstruktion eines Motorballons sind folgende Hauptpunkte maßgebend:

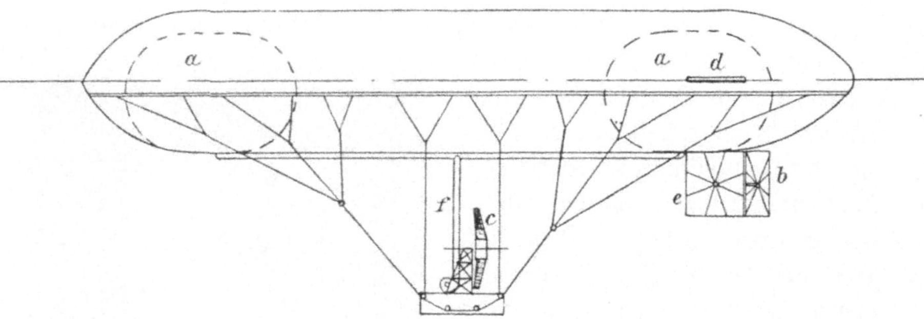

Abb. 34.   Schematische Skizze des Parsevalschen Ballons.

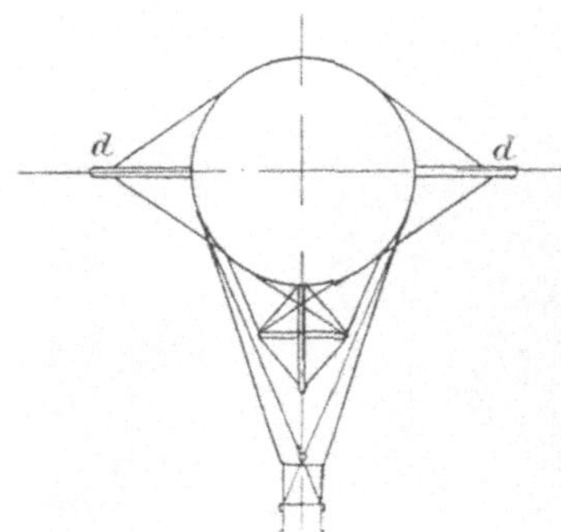

1. Form und Größe des Ballons,
2. Erhaltung der Form,
3. Fortbewegungsmittel,
4. Steuer,
5. Stabilisierung.

Die Form und Anordnung des ersten Ballons geht aus unseren Abbildungen her=vor. Der Ballon ist 50 m lang, der Durch=messer des zylindrischen Teiles beträgt 8,9 m, der Rauminhalt 2800 cbm. Die Hülle besteht aus zwei diagonal übereinander gummierten Lagen von Baumwollstoff und ist gelb gefärbt, um die Gummierung vor den sie zersetzenden Licht=strahlen zu schützen.

Bei der Fortbewegung des Ballons durch die Luft muß die für die Überwindung des Luftwiderstandes günstige äußere Form gewahrt bleiben. Das wird erreicht durch inneren Überdruck. Zu diesem Zweck sind in den Ballon zwei Ballonnette eingebaut (Abb. 34, a und a), die mittels eines Ventilators durch den Schlauch f mit Luft versorgt und unter einem Druck von zirka 16 mm Wassersäule gehalten werden. Diese beiden Ballonnette gestatten gleichzeitig auch die Steuerung nach oben und unten, indem ent=

Abb. 35.   Der „Parseval" bei der Füllung in der Halle.

weder das vordere oder das hintere Ballonnett mehr gefüllt und dadurch eine Neigung des ganzen Ballons nach unten oder oben erzielt wird. Denn Luft ist ja schwerer als Wasserstoff; sie wirkt im Wasserstoffballon wie ein Gewicht.

Die seitliche Steuerung wird bewirkt durch das Steuer b, das von der Gondel aus durch Zugleinen bedient wird. Die Fortbewegung des Ballons

Abb. 36. Gondel des „Parseval III" mit Major und Frau von Parseval an Bord zum Aufstieg bereit. (Aufgenommen auf der „Ila" von Hauptmann Härtel.)

geschieht durch die Luftschraube c, welche durch den in der Gondel befind= lichen Motor von 85 P. S. in Rotation versetzt wird.

Zur Stabilisierung dienen die beiden Horizontalflächen d und d^1 und die vor dem Steuer befindliche Vertikalfläche.

Mit diesem Motorballon sind im Sommer und Herbst 1906 die ersten Fahrten unternommen worden. Wie es bei den ersten Versuchen mit einem neuen Luftfahrzeug natürlich ist, zeigten sich bei den einzelnen Fahrten verschiedene Mängel im Detail der Konstruktion. Das Schiff zeigte aber eine Fülle guter Eigenschaften und wurde weiter entwickelt.

Besonders wichtig erscheint bei der Parsevalschen Konstruktion die An=

ordnung der beiden Ballonnette oder Luftsäcke a a, die einen doppelten
Zweck erfüllen. Sie sollen einmal dem Ballon die pralle Form gewähr=
leisten, die ja für ein lenkbares Luftschiff unbedingt Erfordernis ist. Der
Zweck und die Wirkungsweise solcher Ballonnette oder Luftsäcke wurde
früher bereits leicht gestreift, mag aber hier noch einmal ausführlicher
behandelt werden. Wenn man einen Ballon prall mit Gas füllt und dann

Abb. 37. Parsevalscher Ballon bei der Auffahrt.

fest zubindet, so würde er ja auch eine straffe Form haben. Etwas Derartiges
wäre aber sehr gefährlich. Sobald ein solcher Ballon größere Höhen auf=
sucht, nimmt ja der äußere Luftdruck ab. Er leistet dem Druck des im Ballon
eingeschlossenen Gases nicht mehr denselben Widerstand wie früher. Viel=
mehr muß ein Teil des Gasdruckes durch die Ballonhülle abgefangen werden.
Das ist aber natürlich nur innerhalb gewisser Grenzen möglich. Sobald die
Hülle dabei über ihre Festigkeit hinaus beansprucht wird, so zerreißt sie, der
Ballon platzt, und die Katastrophe ist da. Wo immer es sich daher um die
Notwendigkeit handelt, die pralle Form zu bewahren, nimmt man das

Ballonnett zu Hilfe. Es befindet sich dann im Innern des Ballons ein großer Luftsack. Der Gasraum des Ballons ist geschlossen. Vom Luft=raum führt ein Schlauch zu einem Ventilator, durch welchen mehr oder weniger Luft in das Ballonnett hineingeblasen werden kann. In jedem Fall sind Ventile vorgesehen, die durch Stahlfedern geschlossen gehalten werden und die sich von selbst öffnen und Luft aus dem Ballonnett ins Freie entweichen lassen, sobald der Druck im Ballonnettinnern über eine gewisse Grenze steigt.

So ist es also möglich, den Ballon in beliebigen Höhenlagen straff zu halten, und zwar ohne eine Gefährdung der Hülle und ohne irgendwelche Gasverluste. Nun wurde ja bereits früher ausgeführt, daß die Luft sehr viel schwerer ist als der Wasserstoff. Wenn wir also ein langes Luftschiff von der Art des Parseval haben, und wenn wir in diesem an irgend einer Stelle ein Ballonnett unterbringen und mit Luft aufblasen, so wird es dort wie ein Gewicht wirken. An dieser Stelle wird sich ja dann nicht der leichte Wasserstoff, sondern die schwere Luft befinden. Diesen Umstand hat nun der Major von Parseval in sehr geistreicher Weise benutzt, um sein Fahrzeug innerhalb ziemlich weiter Grenzen schräg stellen zu können. In seinem Ballon befinden sich, wie Abb. 34 erkennen läßt, zwei Ballonnette, das eine vorn und das andere hinten. Diese beiden sind durch eine Leitung und ein besonderes Steuerventil verbunden, welches es gestattet, nach Wunsch mehr Luft in das vordere oder hintere Ballonnett zu pumpen und dementsprechend, wie bereits gesagt, das Luftschiff mehr oder weniger schräg zu stellen. Dadurch aber wird nun wieder die Möglichkeit gegeben, das Fahrzeug unter dem Antrieb der Motoren ähnlich wie einen Drachen wirken zu lassen. Steht es mit der vorderen Spitze nach oben, so drückt während der Fahrt die Luft gegen seine Unterfläche und treibt es nach oben, d. h. der Flug erfolgt langsam in aufsteigender Richtung. Wird die Spitze dagegen nach unten gesenkt, so drückt die Luft von oben her auf das Luftschiff, und es wird sich unter dem Antrieb seines Motors nicht nur vorwärts, sondern auch gleichzeitig nach unten bewegen.

Diese Art und Weise, abwechselnd zu steigen oder sich zu senken, nennt man die dynamische Wirkung oder die dynamische Höhensteuerung (vom griechischen dynamis = die Kraft) im Gegensatz zur statischen Höhensteue=rung, bei welcher das Emporsteigen durch Auswerfen von Ballast, das Absteigen durch Auslassen von Gas herbeigeführt wird. Die Vorzüge der dynamischen Steuerung liegen klar auf der Hand. Die statische Steuerung erfordert fortwährend Ballast= und Gasopfer, ist also zeitlich beschränkt.

Abb. 38. Der Parseval III.

Abb. 39. Der Parseval wird aus der Halle gebracht.

Die dynamische Steuerung kann dagegen, solange die Motoren überhaupt arbeiten, beliebig benutzt werden.

Wie bereits erwähnt, hatte der Major von Parseval sein vornehmlichstes Augenmerk darauf gerichtet, einen Lenkballon zu bauen, der allen Anforderungen des Militärs genügte. Ein Luftschiff, welches im Felde zur Erkundung feindlicher Stellungen Benutzung finden soll, muß ja natürlich sehr viel anders ausgeführt sein als ein solches, das etwa zwischen zwei Stationen, die mit schönen Ballonhallen ausgerüstet sind, reguläre Fahrten

Abb. 40. Das deutsche Militärluftschiff „Groß II" im Fluge.

zu Friedenszeiten unternehmen soll. Leicht demontierbar, leicht verpackbar und leicht transportabel, das waren die Richtlinien für die Arbeiten des Herrn von Parseval. Er ging davon aus, daß sein Luftschiff in fahrbereitem Zustande selbstverständlich starr sein solle, daß dagegen nach der Entleerung von Gas mit Ausnahme des Gondelgestelles überhaupt nichts Starres da sein dürfe. So vermied er alle die Rahmengestelle und Trägerkonstruktionen, welche die Luftschiffe der Franzosen, die Konstruktionen von Santos Dumont und Lebaudy kennzeichnen. Man bezeichnet sein System daher auch als das unstarre gegenüber den sogenannten halbstarren Konstruktionen der Franzosen und dem ganz starren Zeppelin. Deutschland hatte

4*

also im Zeppelin und Parseval zwei Systeme, und es sollte sehr bald auch das dritte bekommen.

Der Kommandeur des Luftschifferbataillons, Major Groß, dem wir auf dem Gebiete der Luftschiffahrt manche bedeutsame Erfindung und Verbesserung verdanken, hatte mit wachsamen Augen die Arbeiten und Ergebnisse sowohl der Deutschen wie auch der Franzosen verfolgt. Nun schritt er in den Jahren 1906 und 1907 zur Konstruktion eines be= sonderen Luftschiffes, welches als Militärluftschiff oder Luftschiff „Groß"

Abb. 41. Tegeler Schießplatz. Das Militärluftschiff wird zum Start gebracht.
(In der Halle links der „Parseval".)

bekannt geworden ist (Abb. 40, 41). Die Einzelheiten dieses Fahrzeuges sind aus militärischen Gründen sehr geheim gehalten worden. Immerhin ist genug bekannt, um eine allgemeine Beschreibung geben zu können. Der „Groß" gehört zu den Luftschiffen des halbstarren Systems. Der Ballon selbst ist unstarr, d. h. eine reine Stoffhülle. Sie weicht in der Form ein wenig vom „Parseval" ab. Während dieser mehr zigarrenförmig ist, kann man die Form des „Groß" eher mit einer Spindel vergleichen. Natürlich ist auch dieser Ballon mit einem Ballonnett ausgerüstet. An ihn schließt sich nach unten ein langes Trägerwerk, mit welchem der Ballon durch zahl= reiche Teile verbunden ist. Dieses Rahmenwerk ist aber zerlegbar, so daß

Abb. 42. Die Luftschiffe von Groß (vorn) und Parseval auf dem Tegeler Schießplatz, klar zum Aufstieg.

es völlig auseinandergenommen und leicht auf feldmäßigen Fahrzeugen verpackt werden kann. An der Trägerkonstruktion ist dann weiter die Gondel durch eine Reihe von Tragseilen und Stäben praktisch starr befestigt.

Das Jahr 1908, welches ja auch für die Arbeiten Zeppelins so bedeutungsvoll wurde, brachte uns zahlreiche Probefahrten des „Groß" und eines zweiten Parsevalluftschiffes. Zum Verständnis der Entwicklung sei nochmals bemerkt, daß die Erfindungen und der erste Ballon des Majors von Parseval im Jahre 1906 von der schon erwähnten, auf Anregung des Kaisers gegründeten Motorluftschiff-Studiengesellschaft angekauft worden waren. Diese Gesellschaft hatte im Jahre 1906 mit dem Ballon Parsevals experimentiert und war dann 1907 an den Bau eines neuen Luftschiffes gegangen, welches nun im Jahre 1908 zum Zwecke der Abnahme durch das Kriegsministerium eine ganze Reihe von Probefahrten unternehmen mußte. Diese boten Gelegenheit, Vergleiche zwischen den Leistungen des „Groß" und des „Parseval" anzustellen. Beide Schiffe können auf eine Reihe schöner Erfolge zurückblicken. Beide Fahrzeuge haben Fahrten von rund zwölfstündiger Dauer ausgeführt und dabei Geschwindigkeiten erreicht, die für den „Groß" auf 13,5, für den „Parseval" auf 15,5 m in der Sekunde angegeben werden. Daneben mußten die Fahrzeuge Höhenfahrten ausführen, bei denen verlangt wurde, daß sie länger als eine Stunde in 1500 m Höhe blieben. Schließlich mußte der „Parseval" vor der Abnahme eine feldmäßige Montage durchmachen. Das heißt auf ein freies Feld fuhren Wagen an, die alles Nötige enthielten, also die Ballonhülle, die Gondel nebst Motor und Schraube, alle Zubehörteile, die Gasflaschen und die Apparatur, um das Gas in den Ballon zu leiten. $2^{1}/_{2}$ Stunden nach der Anfahrt war der „Parseval II" flugbereit und wurde dann vom Kriegsminister übernommen.

Die Luftschiffe von Parseval und von Groß sind, wenn auch in Einzelheiten verschieden, doch nahe Verwandte. Sie basieren auf dem Prinzip der Unstarrheit bezw. der Halbstarrheit. Diese Bezeichnungen könnten vielleicht zu Mißverständnissen Veranlassung geben. Selbstverständlich muß jeder Lenkballon während der Fahrt starr und prall sein. Der Unterschied besteht hier darin, daß die Starrheit bei Zeppelin infolge des Aluminiumgerippes eine dauernde ist, während sie bei Parseval und Groß durch den Gasdruck erzeugt wird und jeden Augenblick aus dem System herausgenommen werden kann.

Die Konstruktionen von Parseval und Groß haben von 1906 an eine ziemlich geruhsame Entwicklung gehabt. Katastrophen sind kaum vor-

gekommen und man darf behaupten, daß beide Schiffe kriegstechnisch recht
Gutes leisten. Die Verwendung des „Groß" blieb begreiflicherweise auf
die Armee beschränkt. Der „Parseval" wurde auch in den Dienst des freien
Verkehrs gestellt und „Parsevalschiffe" haben besonders unter der Führung
des tüchtigen Piloten Oberleutnant Stelling den größten Teil Deutschlands
von den Alpen bis zur Nordsee und vom Rhein bis zur Oder durchquert.

Abb. 43. Ein achtzylindriger Luftschiffmotor der Firma Gebr. Körting A.-G. in Hannover.

Auch für Reklamezwecke wurde das Parsevalschiff nutzbar gemacht, und
über Berlin verkehrt beispielsweise seit 1911 ein mit wechselnden Licht=
reklamen ausgerüstetes Parsevalschiff in den Abendstunden.

Auch der Einbau drahtloser Stationen ist mit Erfolg durchgeführt worden,
obwohl begreiflicherweise der Zusammenbau einer Funkenstation und eines
Gasballons eine ziemlich heikle Sache war. Diese Erfindung mußte jedoch
gemacht werden, da es natürlich von größter Wichtigkeit ist, daß ein Luft=
schiff, welches beispielsweise die feindlichen Stellungen überfliegt, seine
Beobachtungen sofort auf drahtlosem Wege in das eigene Hauptquartier

zurückmeldet. In der Tat haben denn „Parseval"= und „Groß"=Luftschiffe
in den deutschen Manövern bereits intensiv mitgewirkt. Man hat dabei
freilich die Erfahrung machen müssen, daß auch die Beobachtung aus dem
Luftschiff eine Kunst ist, die erst gelernt sein will. Es ist dem Gegner in
deutschen Manövern gelungen, die Luftschiffe ganz berechnet zu täuschen,
indem er Verschanzungen aufwarf und Geschütze aus alten Wagengestellen
und Ofenrohren markierte. Aber es unterliegt natürlich keinem Zweifel,
daß solche niedlichen Scherze wohl einmal, aber sicherlich nicht öfter gelingen
dürften.

Abb. 44.　Das Siemens=Schuckert=Luftschiff in den Wolken.
Aufgenommen vom Luftschiffer=Bataillon.

Im weiteren muß nun als wichtigstes Ereignis der letzten Jahre der
Luftschiffneubau der Siemens=Schuckert=Werke genannt werden. Das
neue Siemens=Schuckertluftschiff, welches bereits 28 erfolgreiche Fahrten
gemacht hat, vereinigt die Größe des „Zeppelin" mit der Unstarrheit des
„Parseval". Es ist gewissermaßen der Beweis gegen die alte Behauptung,
daß unstarre Luftschiffe nur in gewissen kleinen Dimensionen ausgeführt
werden können. Wir haben es hier mit dem immerhin recht stattlichen
Ausmaß von 118 m in der Länge und 13,5 m im Durchmesser zu tun.
Der Schiffskörper des Siemens=Schuckert ist also reichlich größer, als der=
jenige des „Parseval". Die Prallheit des mit Wasserstoffgas gefüllten
Körpers wird ebenfalls durch Ballonnets erreicht.

Abb. 45. Das Siemens-Schuckert-Luftschiff vor seiner Halle.

Unsere Abbildung 45 zeigt das Luftschiff bei einer Werkstättenfahrt von seiner Halle in Biesdorf aus und läßt mannigfache Einzelheiten erkennen.

Man bemerkt drei Gondeln, die mit dem Schiffskörper durch kräftige Stoffbahnen direkt verbunden sind und unter sich durch einen Laufgang in Verbindung stehen. Im weiteren trägt dieses Siemens-Schiff vier Daimler-Motoren von je 125 Pferdestärken. Es ist also das kräftigste Luftschiff, welches zurzeit existiert. Die vorhandenen 500 Pferdestärken verleihen ihm eine Geschwindigkeit von etwa 16,5 Sekundenmetern. Der Betrieb

Abb. 46. Die Gondel des Siemens-Schuckert-Luftschiffes.

ist so gedacht, daß für gewöhnlich nur zwei Motoren vorwärts treiben. Dagegen sollen die beiden anderen Motoren als Reserve dienen. Es sollen alle Motoren nur dann arbeiten, wenn die größte Geschwindigkeit entwickelt oder gegen starken Wind eine Landung erzwungen werden soll. So ist also das Siemens-Schuckert-Luftschiff eine Konstruktion mit weitgehenden Reserven und es scheint, daß die vielen durch Motordefekte veranlaßten Zwischenfälle hier nach Möglichkeit ausgeschlossen sind.

Freilich wird man ein endgültiges Urteil erst fällen können, wenn das Schiff einige große Fahrten hinter sich hat. Die Siemens-Schuckertwerke stehen aber auf dem Standpunkt, daß nur die systematische Verwertung

jeder neuen Erfahrung die bei Luftfahrten unvermeidlichen Havarien auf
ein Minimum beschränken kann. Daher mag auch dem Fernerstehenden
manchmal das Tempo der Entwicklung des Siemensballons außerordent=
lich langsam erschienen sein.

In jedem Falle ist es erfreulich, daß gerade in Deutschland alle Systeme
gefördert werden, daß Deutschland heute eine führende Stellung im Luft=
schiffbau errungen hat, nachdem ihm Frankreich lange Jahre hindurch so
weit voraus zu sein schien.

Abb. 47. Das englische Militärluftschiff „Baby" auf dem Truppenübungsplatz Aldershot.

Wenn bisher, wie wir gesehen haben, der Ausbau des Lenkballons in
der Hauptsache auf die beiden führenden Länder, Deutschland und Frank=
reich, beschränkt geblieben war, so haben doch neuerdings, wie zu erwarten
war, die hier erzielten großen Erfolge auch bei anderen Nationen eine
größere Regsamkeit auf diesem Gebiete gezeigt. In England war man
längere Zeit vom Glück wenig begünstigt; die wiederholten Mißerfolge mit
dem Militärluftschiff „Nulli Secundus" sind noch in aller Erinnerung. Mit
dem Luftschiff „Baby", das unsere Abbildung 47 zeigt, hatte dann die
Militärverwaltung einen völlig neuen Typ eingeführt, der Besseres zu ver=
sprechen schien, ist aber in jüngster Zeit zum Zeppelinschen System über=

gegangen. Recht hübsche Erfolge hatten auch Italien mit der „Italia"
(Abb. 48) und Belgien mit der „Belgique" aufzuweisen.

Zum Schlusse mag hier noch ein kurzer Überblick über die bestehenden
drei Systeme von Luftfahrzeugen gegeben werden. Wir haben, wie bereits
erwähnt, das starre, das halbstarre und das unstarre System. Über die
Vorzüge und Nachteile der drei ist viel debattiert und gestritten worden,
so sehr, daß die Meinungsverschiedenheit stellenweise zu bösen persönlichen
Differenzen zu führen drohte. Das war um so bedauerlicher, als die drei

Abb. 48. Das italienische Militärluftschiff „Italia".

Deutschen, denen wir unsere drei Systeme verdanken, jeder für sich so
Hervorragendes geleistet haben, daß das deutsche Volk auf jeden einzelnen
dieser drei berechtigten Grund hat, stolz zu sein. Im übrigen lassen sich
die Vorzüge und Nachteile der Systeme heute auch noch nicht annähernd
voll absehen. In der Tat kann man wohl zwei große und scharf getrennte
Gruppen unterscheiden: auf der einen Seite das starre, auf der anderen
Seite die beiden anderen. Das starre, die Zeppeline, ist ein Luftschiff in
demselben Sinne, wie etwa ein großer Ozeandampfer ein Wasserschiff ist.
Das heißt, die Luft soll das eigentliche Element des starren Luftschiffes
sein. Gewiß wird es ebenso, wie ein Ozeandampfer von Zeit zu Zeit im
Hafen ruhiges Wasser und Gelegenheit zu allerlei Reparaturen findet, in

eine Luftschiffhalle hineinfahren. Aber es soll doch kräftig genug sein, um jedem Sturme Trotz zu bieten und denselben im Freien abwarten zu können. Vielleicht wird das Ziel freilich erst vollkommen erreicht werden, nachdem die Größenverhältnisse noch ganz gewaltiges Wachstum erfahren haben, nachdem wir zu Konstruktionen gekommen sind, die zwei= oder dreimal so lang und breit und hoch als die jetzigen Zeppelinen sind. In jedem Falle kann man wohl behaupten, daß eine weitere Vergrößerung der Zeppelinen Vorteile verspricht. Ganz allgemein kann man sagen, daß die schädlichen Dinge, also das Gewicht der Konstruktion und der Luftwiderstand, nur mit dem Quadrate der Länge wachsen, die günstigen Dinge dagegen, die Stärke der Motoren und die Tragfähigkeit des Luftschiffes und wahrscheinlich auch seine Widerstandsfähigkeit, mit der dritten Potenz. Ein Zeppelinschiff von der doppelten Länge des jetzigen würde also die hemmenden Eigen= schaften vervierfacht, aber die fördernden Eigenschaften verachtfacht auf= weisen.

Sehr ernstlich ist auch die Frage zu untersuchen, ob man gut daran tut, das Aluminium als Konstruktionsmaterial für das starre Luftschiff beizubehalten. Aluminium ist ein leichter Baustoff. Es ist nur etwa dreimal so schwer wie Wasser, während der beste und festeste Chrom= nickelstahl etwa neunmal so schwer ist. Aber dafür ist die Festigkeit dieses Stahles etwa zehnmal so groß wie die des Aluminiums. Man gewinnt also beim Aluminium $2/_3$ an Gewicht gegenüber dem Stahl, aber man gewinnt beim Stahl $9/_{10}$ an Festigkeit gegenüber dem Aluminium. Bei gleichen Gewichten ist die Festigkeit des Chromnickelstahles etwa 10, die des Aluminiums etwa 3.

Nun spricht natürlich die Form und die Beanspruchung der Kon= struktionen auch hier noch ein Wort mit. Man wird beispielsweise kein einfaches Ruderboot aus Stahl bauen, weil das Holz vollkommen für die spezifische Beanspruchung genügt. Aber für das starre Luftschiff, mit seinen bei einer Sturmlandung enormen Beanspruchungen, scheint der hochwertige Konstruktionsstahl doch das beste zu sein.

Die beiden anderen Systeme verhalten sich etwas anders. Sie sind wenn man so will, Booten vergleichbar, die nach jeder Fahrt wieder aus dem Wasser genommen werden. Sie können jedem Sturm aus dem Wege gehen, in dem man sie aufreißt, entleert und zusammenpackt. Gerade für viele Kriegszwecke ist diese Eigenschaft von außerordentlicher Wichtigkeit; ob sie freilich das gegebene Modell für einen zukünftigen Personenverkehr sein werden, das kann nur die kommende Zeit erweisen. Von den Gegnern des unstarren und halbstarren Systems wird besonders betont, daß diese Luftschiffe nicht beliebig vergrößert werden können und daß daher auch ihre Leistung eine begrenzte sein muß. Daß dieses Urteil irrtümlich ist, beweist indes das Siemens-Schuckert-Luftschiff. Wer hätte 1890 gedacht, daß sich aus dem schwachen Fahrradpneumatik der riesige Automobilpneumatik entwickeln könnte. So wenig, wie damals diese, können wir heute die Entwicklung des unstarren Luftschiffes absehen. Für bestimmte Zwecke bietet jedes System seine Vorzüge. Und da man nach Spatzen nicht mit Kanonen schießen soll, so wird man für kleine Aufklärungsfahrten auch nicht die großen Zeppelinen wählen, wenn sich das Ziel ebensogut mit kleineren, billigen Lenkballons des unstarren Systems erreichen läßt. Einstweilen muß auch hier die Parole lauten: Volldampf voraus! Es muß eifrig weiter gebaut und studiert werden, um die errungenen Erfolge zu vergrößern und die Eroberung der Luft, die im 20. Jahrhundert so glorreiche Fortschritte machte, zu glücklichem Ende zu führen.

Flugmaſchinen.

Zahlreiche Vögel liefern dem Menſchen täglich und ſtündlich den Be=
weis, daß auch Körper, die ſchwerer als die Luft ſind, ſich frei in der Luft
bewegen, daß ſie fliegen, aufſteigen und vorwärtskommen können. Gäbe
es auf der Erde keine fliegenden Vögel oder Inſekten, hätte uns die Natur
nicht das Vorbild gegeben, ſo würden wir die Möglichkeit eines ſolchen
Fluges wohl überhaupt beſtreiten. Aber wir ſehen, daß Weſen, die weder
abſolut noch relativ ſtärker ſind als wir, die Luft beherrrſchen und mit Eiſen=
bahngeſchwindigkeit Hunderte von Meilen zurücklegen.

Solch Vorbild mußte zur Nacheiferung anſpornen. Schon in frühen
Zeiten verſuchte die Menſchheit es den Vögeln nachzutun. Aber die Be=
obachtungskunſt war noch nicht ſonderlich entwickelt. Man ſah wohl, daß
die Vögel Flügel hatten, und man kalkulierte nun ganz einfach ſo, daß man
den Menſchen nur Flügel zu geben brauche, dann würden ſie ebenfalls
fliegen können. In der Kunſt kommt dieſe Idee in der Darſtellung der
beflügelten Engel zum Ausdruck. In der praktiſchen Ausführung weiß
Sage und Chronik immer wieder von irgendwelchen Erfindern zu berichten,
die ſich aus irgendwelchen Stoffen Schwingen anfertigten, an die Arme
ſchnallten und damit den Flug verſuchten. Der Erfolg glich nur allzuoft dem
Ziel, welches Ikarus erreichte, nur allzuoft endeten ſolche Verſuche im jähen
Todesſturz.

In der Tat ſtand es mit der Beobachtungsgabe jener Erfinder ziemlich
ſchlecht. Sie wußten wohl, daß Inſekten und Vögel Flügel beſitzen, und
daß dieſe Flügel zum Fliegen notwendig ſind. Wie nun aber die Flügel
eigentlich arbeiten, in welcher Weiſe ſie von Inſekten und Vögeln benutzt
werden, davon wußte man verzweifelt wenig und konnte auch nicht viel
wiſſen, ſolange die Momentphotographie es nicht geſtattete, allerlei fliegen=
des Getier einige hundertmal in derſelben Sekunde zu photographieren.
Unſerem Auge verſchwimmen ja ſchnelle Bewegungen zu einem Geſamt=
bilde, welches weſentlich von den wirklichen Bewegungen verſchieden iſt.
Man braucht nur an die allgemein bekannten Momentphotographien
galoppierender Rennpferde zu erinnern, die ſich von den Bildern der

Maler ganz gründlich unterſcheiden. Die Momentphotographie hat auch
unſer Wiſſen vom Vogelflug gefördert, obwohl freilich auch heute noch
mancherlei unerforſcht iſt, obwohl wir beiſpielsweiſe heute noch nicht be=
ſtimmt wiſſen, in welcher Weiſe die Elaſtizität der einzelnen Federn beim
Fluge zur Geltung kommt. Allgemein aber können wir heute drei Arten
des Fluges bei lebendigen Weſen unterſcheiden, nämlich den Flatterflug,
den Segelflug und den Gleitflug.

Abb. 49. Spottbild auf die Verſuche, mit Dampfkraft die Luft zu durchfahren.

Der Menſch dachte ſich das Fliegen zunächſt ſo, daß man mit den Flügeln
die Luft nach unten ſchlägt und dadurch ſich ſelbſt ein wenig in die Höhe
hebt, daß man die Flügel dann ſchnell wieder nach oben bringt, wieder
herunterſchlägt uſw. Dieſe Art des Fliegens nennen wir Flattern. Nur
die ſchlechten Flieger unter den Vögeln, beiſpielsweiſe Haushühner, flattern.
Auch Vögel, deren Geflügel ſehr naß geworden iſt, deren Flugfähigkeit
alſo beſchränkt iſt, verſuchen zu flattern. Das Flattern iſt alſo, wie geſagt,
die unvollkommenſte Art des Fliegens. Vögel, die ſie betreiben, beherrſchen
die Luft nur ſehr wenig, und auch der Menſch konnte mit ſeinen Flatter=
verſuchen daher logiſcherweiſe nicht viel Freude erleben.

Zwei diametral entgegengeſetzte Bilder liefert uns die Natur. Auf
der einen Seite der Haushahn, der vom Hunde gejagt wird und heftig

schreiend und flatternd mit Mühe und Not die Zinne einer niedrigen Mauer erreicht. Auf der anderen Seite der Albatros, der sich im blauen Äther wiegt, der viele Minuten hindurch seine gewaltigen Schwingen kaum merk-

Abb. 50. Spottbild auf den fehlgeschlagenen Flugversuch des Schneiders von Ulm 1811.
Der Ulmer Schneider Berblinger hatte einen „Flugapparat" erfunden, dessen erstmalige Vorführung mit großem Lärm in Szene gesetzt wurde. Er fiel denn auch prompt in die Donau, aus der ihn seine Mitbürger herausfischten.

lich bewegt und dennoch mit großer Geschwindigkeit durch die Luft dahin-zieht, bald geradeaus gleitend, bald kreisend und sich in die Höhe schraubend. Ein Meister der Flugkunst, zeigt uns der Albatros gleichzeitig den Gleit- und den Segelflug.

Der Gleitflug wird am leichteſten zu erklären ſein. Wir alle kennen ja
das Rutſchbahnvergnügen: ein ſanft abfallender Hügel, auf dem ſich im
Winter eine Schnee= und Eisdecke gebildet hat, ein Schlitten, der mit ge=
ringer Reibung auf dem Schnee gleiten kann. Wir beſteigen ihn auf dem
Gipfel des Hügels, und in ſchneller Fahrt ſauſt das Fahrzeug den Abhang
herunter. Die mechaniſche Erklärung iſt ſehr leicht. Die Schwerkraft zieht
den Schlitten ſenkrecht nach unten. Man muß ſie ſich in zwei Komponenten
zerlegt denken, von denen die eine ſenkrecht zur Hügelfläche ſteht und als
Druck des Schlittens auf die Schneebahn zum Ausdruck kommt. Die andere
Komponente iſt dagegen pa=
rallel zu dieſer Schneebahn,
und ſie zieht den Schlitten
nach unten. Die Skizze
Abb. 51 veranſchaulicht dieſe
Verhältniſſe. Die Schwer=
kraft S zerlegt ſich nach dem
Parallelogramm der Kräfte
in eine Druckkraft D, die von
der Unterlage aufgenommen
wird, nnd in eine Triebkraft
T, die den Schlitten vor=
wärts bringt.

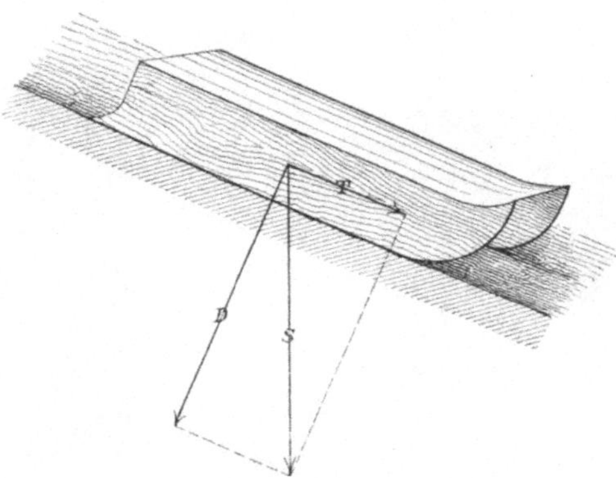

Abb. 51. Die auf einen gleitenden Körper wirkenden Kräfte.

Nun wollen wir etwas Ähnliches in der Luft erreichen. Irgendwelche
großen Tragflächen ſollen unſeren Schlitten vorſtellen, die Luft ſoll die
Rutſchbahn bilden. Daß es ſo geht, beweiſen uns Albatros, Storch, Adler
und viele andere Vögel. Sie ſtellen ihre Schwingen bewegungslos in be=
ſtimmten Winkel und ſauſen mit großer Geſchwindigkeit ſchräg abwärts
durch die Luft. Wir wiſſen auch, daß wir auf der Rutſchbahn um ſo ſchneller
vorwärts kommen, je ſteiler ſie nach unten geht, und wir können bei dieſen
großen Vögeln beobachten, wie ihre Gleitflüge um ſo ſchneller werden, je
ſteiler ſie nach unten gehen. Die Menſchheit ſtand nun vor der Aufgabe,
diejenigen Vögel, die wirklich erſtklaſſige Flieger ſind, zu kopieren, und dazu
mußte ſie zunächſt den Gleitflug lernen.

Aber auch darüber hinaus mußte das Streben noch gehen. Beim Gleit=
flug verliert man natürlich fortwährend an Höhe. Das iſt ja auch das
Tragiſche an der Rutſchbahn, daß die ſchöne, ſchnelle Fahrt nur allzubald
zu Ende iſt, und daß man dann von neuem den Berg hinaufklettern muß.
Nun zeigt aber die Beobachtung, daß unſere großen Flieger auch ohne

Flügelschläge, also ohne zu flattern, wieder in die Höhe kommen. Man kann beobachten, wie sie mit regungslos gestreckten Flügeln Kreise beschreiben und dabei die Höhe, die sie im Gleitflug verloren haben, wiedergewinnen. Für diese Form der Bewegung hat man den Namen Segelflug gewählt. Die Bezeichnung ist nicht sehr glücklich, denn die mechanischen und physikalischen Verhältnisse eines Seegelbootes sind ziemlich verschieden davon. Nur die einzige Verwandtschaft besteht, daß auch die Segelflieger ebenso wie die Seegelboote die Kraft ihrer Fortbewegung aus der Arbeit des Windes schöpfen.

Der Flatterflieger arbeitet wie der Ruderer etwa, mit der Kraft seiner Muskeln. Der Gleitflieger benutzt die Schwerkraft, ebenso wie der Schlittenfahrer, der einen Berg herunterrodelt. Der Segelflieger endlich nutzt die Kraft des Windes aus. Aber das tun wir ja auch beim Drachen, werden die Leser einwenden. Das ist in der Tat richtig. Aber der Drache ist bekanntlich an einer Schnur befestigt, die ihn festhält, so daß der Wind mit mehr oder minder großer Geschwindigkeit seine Fläche streifen und ihn in die Höhe drücken muß. Sobald die Drachenschnur reißt, sobald diese Feststellung des Drachens aufhört, fällt er, wie man ja weiß, zu Boden. Die Segelflieger aber sind ja nicht an eine Schnur gebunden. Sie treiben frei im Luftozean. Wenn also ein gleichmäßiger Wind wehte, so müßten sie ebenso wie ein Kugelballon sehr bald die Geschwindigkeit dieses Windes annehmen. Sie müßten dann mit der Geschwindigkeit dieses Windes dahinziehen, selbst aber in scheinbarer Windstille sein, und mit irgendwelchem Winddruck auf die Flügel wäre es vorbei.

Der Segelflug hat also nicht einen genau gleichmäßig wehenden Wind zur Voraussetzung, sondern er rechnet mit den fortwährenden Veränderungen der Windgeschwindigkeit. Da jeder Körper ja eine gewisse Trägheit besitzt, ein gewisses Beharrungsvermögen, so wird auch der Vogelkörper sich der Geschwindigkeitsänderung, die sich im Bruchteile einer Sekunde vollzieht, nicht sofort anpassen. Eine kurze Zeit hindurch wird der Wind wirklich Druck auf die Schwingen ausüben. Nun haben aber interessante physikalische Versuche gezeigt, daß Flächen, die ähnlich wie die Vogelflügel gekrümmt sind, sich ganz eigentümlich verhalten. Einerlei, ob sie ein Luftstrom von rechts oder links trifft, sind sie stets bestrebt, mit der konvexen Seite vorwärts zu gehen. Die normale Vogelschwinge weist mit der konvexen Seite bekanntlich nach oben, und so wird dieser Winddruck das Bestreben haben, den ganzen Vogel zu heben. Durch geringe Verstellungen der Flügel kann dabei gleichzeitig ein mehr oder minder schnelles Vorwärtsgehen erzielt werden, welches aber jetzt kein Gleiten mehr ist. Möglich ist der Segelflug also nur, wenn Wind weht, wie denn die besten Segelflieger, die Albatrosse und Möwen, auf dem stürmischen Meer zu Hause sind.

Im vorstehenden wurde so ungefähr dasjenige ausgeführt, was wir heute vom Vogelflug wissen. Es wurde dabei auch der Drachenflug erwähnt. Weiter wäre nun auszuführen, in welcher Weise die Menschen von dieser Wissenschaft profitiert haben. Daß die Flatterflieger nichts werden konnten, wurde auch bereits angedeutet, und es erübrigt sich, alle derartigen im Prinzip verfehlten Versuche anzuführen. Desto wichtiger sind

Abb. 52.
Otto Lilienthal, der Vater der
modernen Flugtechnik.

die Erfolge der Gleitflieger. Als der Begründer dieser Schule muß der deutsche Ingenieur Otto Lilienthal (Abb. 52) gelten, der zu Ende der achtziger Jahre in Lichterfelde bei Berlin damit begann, sich einen breiten Schwingenapparat zu bauen und mit diesem Gleitflüge zu versuchen. Unsere Abbildungen 53—55 zeigen diese Versuche und lassen auch die ungefähre Anordnung der Schwingvorrichtung erkennen. Hildebrandt berichtet über diese Versuche:

Schon als Knabe von 13 Jahren hatte Lilienthal das Fliegen mit den primitivsten angebundenen Flügeln in Klappenform bei Nacht auszuüben versucht, indem er einen Hügel hinunterlief. Als gereifter Mann ging er dann systematisch bei der Verbesserung seiner Flugvorrichtung vor.

Zunächst führte er seine Flugversuche, bei denen ihn oft sein Bruder tatkräftig unterstützte, mit ganz einfachen, gewölbten Segelapparaten aus, welche den ausgebreiteten Fittichen eines schwebenden Vogels glichen, indem er von erhöhtem Standpunkte gegen den Wind abschwebte. Als Gestell diente ihm Weidenholz, als Bezug mit Wachs getränkter Schirting.

Das Festhalten und Lenken des Apparates erfolgte durch Einlegen beider Unterarme in entsprechende Polsterung des Gestells. Bei lebhafterem Winde schwebte er häufig hoch über den Köpfen einer staunenden Menge fort, unter Umständen sogar momentan in der Luft auf einer Stelle in der Schwebe bleibend.

Diesen einfachen Segelflächen fügte Lilienthal sodann später Steuerflächen hinzu, um hierdurch eine bessere Einstellung gegen den Wind zu erreichen.

Sehr unangenehm empfand er bei seinen Flügen stärkere, plötzlich auf=
tretende Windstöße, weil bei ihnen die Gefahr vorlag, daß sie — wenn
auch nur einen Augenblick — den Apparat von oben treffen könnten, wo=
durch er unfehlbar in die Tiefe gestürzt und zerschellt worden wäre.

Als Maximalgröße für die Segelflächen fand er Flächen von 14 qm,
7 m Breite von Spitze zu Spitze gemessen, da größere die Stabilität ein=
büßten. Gleichzeitig wurde ihm auch die Landung bei stärkeren Winden
und größeren Flächen sehr bedenklich. Wie Lilienthal selbst sagt, hat er
oft in der Luft einen förmlichen Tanz aufführen müssen, um, vom Winde

Abb. 53. Lilienthals Segelflugapparat.

hin und her geworfen, das Gleichgewicht zu behaupten; aber stets gelang
es ihm doch, glücklich zu landen. Er wurde hierdurch aber notgedrungen
zu den Versuchen geführt, die Lenkbarkeit und leichtere Handhabung zu
verbessern.

Anfänglich hatte er die Lenkung durch einfaches Verlegen des Schwer=
punktes mit seinem Körper bewirkt, was ihm unter Anwendung kleinerer
Flügelflächen vollkommen gelungen war. Es stellte sich aber die Notwendig=
keit heraus, die Tragflächen zu vergrößern, und er schuf deshalb einen
Doppelapparat von $5^1/_2$ m Spannweite mit zwei je 9 qm großen Flächen.

Die Schwerpunktverlegung mittels des Körpers wirkte hier ebenso
günstig wie früher. Durch Verlegen desselben nach links wurde sofort das
infolge eines stärkeren Windstoßes gehobene linke Flügelpaar gesenkt und

umgekehrt. Die erreichten Höhen wurden ganz bedeutend größer, oft wurde der Abfliegepunkt um ein erhebliches Stück überflogen, sobald die Winde über 10 Metersekunden stark waren.

Zur Durchführung der Landung bei schwachem Winde wurde der Apparat durch Zurücklegen des Körpers vorn gehoben. Alsdann mußten unmittelbar über dem Boden die Beine, wie beim Sprunge, schnell vorgeworfen werden, weil sonst der Körper einen sehr unangenehmen Stoß

Abb. 54. Lilienthal mit seinem Apparat durch die Luft schwebend.

erhielt. Bei etwas stärkerem Winde dagegen senkte sich der Apparat sehr sanft zur Erde.

Lilienthal ging, so schreibt Nimführ*), anfänglich bei seinen Gleitversuchen, wie er selbst sagt, „sehr vorsichtig" zu Werke. Er errichtete sich zunächst in seinem Garten auf einem größeren Rasenplatz ein Sprungbrett von nur 1 m Höhe, von dem aus er mit dem Gleitapparat absprang. Nachdem er diese kurzen Luftsprünge hundertfältig geübt hatte, erhöhte er sein Sprungbrett nach und nach bis auf 2½ m, von wo er dann schon sicher und gefahrlos über den ganzen Rasenplatz dahinschweben konnte.

____

*) Nimführ, Leitfaden und Einführung in die Luftschiffahrt und Flugtechnik (Wien, A. Hartleben).

Erst nachdem er sich auf diese Weise genügende Fertigkeit in der Handhabung seines Gleitapparates erworben hatte, wagte er auch Abflüge aus erheblich größeren Höhen. Er ließ sich dann auf der Maihöhe bei Steglitz einen turmartigen Schuppen errichten (Abb. 54), von dessen flachem Dach aus die Gleitflüge eingeleitet wurden. Der Abflug erfolgte natürlich immer in der Richtung gegen den Wind.

Im Jahre 1894 ließ Lilienthal bei Groß-Lichterfelde in der Nähe von Berlin einen 15 m hohen Hügel aufschütten, von dessen Spitze aus er Gleit=

Abb. 55. Lilienthals Flug.

flüge mit dem zweiflügligen Apparat unternahm (Abb. 55). Die energische Wirkung der Schwerpunktsverschiebung und die dadurch erreichte sichere Einstellbarkeit des Apparates gaben ihm den Mut, auch noch bei Winden über 10 m Geschwindigkeit Gleitflüge auszuführen. Schon bei 6—7 m Windgeschwindigkeit trug ihn die 18 qm große Segelfläche fast horizontal von der Spitze seines Hügels ohne Anlauf gegen den Wind. Bei größerer Windstärke ließ er sich von der Bergspitze einfach abheben und segelte lang= sam dem Wind entgegen.

Um die Weite der Gleitflüge noch mehr ausdehnen zu können, verlegte Lilienthal im Jahre 1896 seine Experimente wieder nach den Rhinower Bergen zwischen Rathenow und Neustadt, wo er schon im Jahre 1893 mit dem einflächigen Apparat längere Zeit mit Erfolg zahlreiche Gleitflüge ausgeführt hatte. Von den Kuppen der Rhinower Berge, welche bis zu 80 m ansteigen, führte er Flüge bis zu 250 m Weite aus.

In dieser einsamen Hügellandschaft ereignete sich am 10. August 1896 jene traurige Katastrophe, die den frühzeitigen Tod dieses genialen und kühnen Mannes zur Folge hatte. Wie der Unfall sich ereignete, darüber ist nichts Näheres bekannt. Der einzige Augenzeuge des tragischen Geschehnisses, Lilienthals langjähriger Gehilfe, wußte nichts weiter anzugeben, als daß der Apparat plötzlich in der Luft gekippt sei und samt seinem Führer zu Boden stürzte. Ob der Verlust des Gleichgewichtes infolge eines plötzlichen Windstoßes, den Lilienthal nicht zu parieren vermochte, oder die Loslösung der oberen Tragfläche oder sonst ein Gebrechen am Apparate die Ursache des Unfalles gewesen, darüber lassen sich, wie gesagt, nur vage Vermutungen aussprechen.

Lilienthal kam als der erste Aviatiker und als das erste Opfer der Aviatik zu Tode. Aber er fand Schüler und Nachfolger in allen Ländern. Seine Versuche wurden von Ferber in Frankreich, von Pilcher in England, von Chanute, Herring und den Gebrüdern Wright in den Vereinigten Staaten aufgenommen. Alle diese Männer sind als die klassischen Pioniere des aviatischen Fluges anzusehen. Aber wenn wir ihre Versuche betrachten, die doch heute noch kaum 10 Jahre hinter uns liegen, so muten sie uns wie die Überbleibsel längst vergangener Zeiten an. Denn jene Männer hatten noch keinen brauchbaren Motor zur Verfügung, sie besaßen noch nicht das, was wir heute die Seele der Flugmaschine nennen.

Jene Pioniere konnten nichts anderes tun, als die Versuche ihres Meisters fortzusetzen. Sie probierten den Gleitflug und waren glücklich, wenn ihnen gelegentlich einmal auf kurze Strecken ein Segelflug gelang, wenn kurze böige Windstöße die Tragflächen einmal über den Abflugspunkt hinaus erhoben. In jener motorlosen Zeit war eben nur der Gleitflug und der Segelflug möglich. Mit Recht aber bemerkt E. Rumpler in seinem klassischen Werk über die Flugmaschine: „Wenn man unter menschlichem Kunstflug den Zielflug nach jedem beliebigen Ort bei jeder beliebigen Windrichtung und Windstärke versteht, dürfte dies wohl nie gelingen. Es ist jedoch nicht ausgeschlossen, daß unter besonders günstigen Windverhältnissen und vor allem vorausgesetzt, daß der Mensch durch genaue praktische Kenntnis der Windeigenschaften das Gefühl für die Ausnutzung der Energie der bewegten Luft sich ebenso erwirbt wie der Vogel, menschlicher Kunstflug zeitweise möglich ist." Das war in der Tat der Kern der Sache. Vielleicht hätten einige wenige ganz besonders talentierte Menschen den Segelflug in jahrelanger Übung erlernt, wie es ja auch einige wenige Artisten gibt, die einen drei= oder gar vierfachen Salto Mortale zu machen vermögen. Für die große Menge aber wäre dieser Flug nie etwas gewesen. Der Gleit=Segelflug war kein technisches Problem, sondern ein Problem der persönlichen Geschicklichkeit, und gerade die Techniker hielten sich in jenen Jahren von der Aviatik fern.

Aber die Technik arbeitete desto erfolgreicher auf einem anderen Gebiete. Sie schuf in unablässiger Arbeit den leichten Motor.

Das 20. Jahrhundert brachte das brauchbare Automobil. 1900 wog der Automobilmotor 10 kg pro Pferdestärke. 1906 war dieses Gewicht auf 5 kg gesunken, und 1908 verfügte man bereits über Motoren, die nur noch 2 kg pro Pferdestärke wogen. Und damit hatte das alte Problem mit einem Schlage eine gute technische Lösung gefunden. In dem Augenblick, da man in den Flugapparat einen treibkräftigen Motor einbauen, da man ihn mit unwiderstehlicher Gewalt durch die Luft reißen konnte, wurde die Flugmaschine ein Verkehrsmittel nicht unähnlich dem Automobil.

Es lag auf der Hand, daß diejenigen, die schon seit Jahren in Lilienthals Spuren wandelten, die schon im Gleitflug geübt waren, zuerst die Wohltat des neuen Motors empfanden. Das waren in erster Linie die Gebrüder Orville und Wilbur Wright. Die hatten seit Jahren mit Flugmaschinen experimentiert. Sie hatten bereits eine geistreiche Verwindung der Trag= flächen erfunden, durch welche die Stabilität des Apparates sichergestellt wurde. Und als sie nun einen Motor einbauten, da war der Erfolg mit einem Schlage da. Bereits im Jahre 1906 kamen Alarmnachrichten aus Amerika nach Europa, daß die beiden Brüder Flüge von mehreren Meilen unternommen hätten und wohlbehalten zu ihrem Abflugspunkt zurück= gekehrt seien.

Aber nach diesen Sensationsmeldungen wurde es auf zwei volle Jahre wieder still. Desto eifriger waren zu jener Zeit die Franzosen am Werke. Kapitän Ferber, der seine Übungen im einfachen Gleitfluge als Artilleriehauptmann in Nizza begonnen hatte, wurde zu der Luftschiffer= abteilung in Chalais bei Meudon versetzt und fand dort Gelegenheit, den Motorflug zu betreiben. Im September 1909 hat er dann bei einem ver= unglückten Flugversuch in Boulogne sur mer seine höchst verdienstvollen Bemühungen um die Förderung der Flugtechnik mit dem Leben bezahlen müssen. Neben ihm beschäftigte sich Santos Dumont, den wir bereits als erfolgreichen Konstrukteur eines Lenkballons kennen lernten, mit der

Flugmaschine. Weiter taten sich die Gebrüder Voisin sowie auch Louis Blériot als Konstrukteure von Drachenfliegern hervor. Eine ausführliche Geschichte der Aviatik müßte hier eine lange Reihe von Namen bringen. Hier mögen nur diejenigen genannt werden, welche die ersten großen Erfolge erzielten. Das waren die Voisinschen Maschinen, welche von dem Engländer Farman und dem Franzosen Delagrange gesteuert wurden.

Vom Schritt zum Sprung und vom Sprung zum Flug, hatte Ferber die Parole ausgegeben. Bereits das Jahr 1907 hatte recht stattliche Sprünge

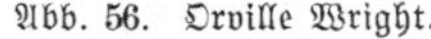

Abb. 56. Orville Wright.   Abb. 57. Wilbur Wright.

gebracht. Schon im November dieses Jahres waren Strecken von mehreren hundert Metern zurückgelegt, waren also Luftsprünge gemacht worden, die man wohl schon als Flüge bezeichnen konnte.

Das Jahr 1908 brachte staunenswerte Fortschritte. In den ersten Tagen des Januar gelang es Farman, mit einem der Voisinflieger den Archdeacon= preis zu gewinnen. Unsere Abbildung 59 gibt eine Vorstellung des Fluges, um den es sich hier handelte. Auf einer Stelle des Exerzierplatzes von Issy waren zwei Pfosten aufgestellt. 500 m davon entfernt stand ein einzelner Mast. Die Aufgabe ging nun dahin, von der Erde abzufliegen, durch die beiden Pfosten hindurch zu segeln, den Mast zu erreichen, diesen zu um= kreisen und zu den beiden Pfosten zurückzukehren. Farman löste diese

Aufgabe. Unser Bild zeigt ihn mit seiner Maschine über dem Felde von
Issy schwebend.

Und nun schien der Bann gebrochen zu sein, der solange Jahre auf
allen aviatischen Maschinen gelastet hatte. Der neue leichte Motor beseelte
alle die Apparate, die sich solange nicht von der Erde erheben konnten.

Schon im Jahre 1908 wurde der Flugplatz für die Flugmaschinen zu
klein und man begann Überlandflüge auszuführen. So bedeutend wurden
schon in diesem Jahr die Erfolge der Franzosen, daß die Gebrüder Wright

Abb. 58. Farmans Flugapparat (Voisin=Flieger).

es vorzogen, aus ihrer Reserve herauszutreten, und selbst nach Frankreich
kamen. Und im Sommer 1908 begann dort ein munteres Wettfliegen
zwischen den Franzosen Farman und Delagrange und den beiden Amerikanern.
Und bereits damals konnte man das Urteil aussprechen, daß die Menschheit
das uralte Flugproblem nun endlich gelöst habe.

Das Jahr 1909 brachte weitere glänzende Erfolge. Jetzt endlich gelang
es dem alten zähen Blériot, der wohl bereits zwei Dutzend Maschinen
gebaut und bei seinen Versuchen zerbrochen hatte, gute Flüge auszuführen.
Neben die Zweidecker, d. h. die mit zwei übereinander liegenden Trag=
flächen ausgerüsteten Flugmaschinen, trat damit als gleichberechtigtes Glied
der Blériotsche Eindecker (Abb. 60). Und weiter ging die Entwicklung. Jene

Pioniere wie Ferber, Farman, Wright usw. wurden jetzt bereits die Be=
gründer aviatischer Schulen. Schon jetzt flogen neben Wright die Wright=
schüler, neben Blériot die Blériotschüler usw. Das Jahr 1909 brachte auch
die erste aviatische Woche zu Rheims, an welcher mehr als 37 Flugmaschi=
nen teilnahmen und um Preise im Werte von einer Viertelmillion Mark
kämpften. Als das Jahr 1909 zu Ende ging, hatte Blériot seinen berühmten
Kanalflug ausgeführt; Farman hatte einen Flug über die Entfernung von
180 km vollbracht und dabei drei Stunden und vier Minuten in der Luft
geschwebt; Latham, ein Schüler Blériots, hatte eine Höhe von 1000 m
erreicht; auch waren bereits Flüge mit zwei Passagieren ausgeführt worden.

Abb. 59.   Farman beim Fluge um den großen Preis.

Und dann kam das Jahr 1910. Lawinenartig beginnt jetzt die Zahl der
Konstruktionen und der Aviatiker zu wachsen. Der Flugsport, vor 3 Jahren
noch die Beschäftigung einiger weniger Querköpfe, wird jetzt von Hunderten
von Leuten aufgenommen. Aber auch hier gilt das alte Bibelwort, daß
zwar viele berufen, aber nur wenige auserwählt sind. Neben Leuten, die
den Flugsport wirklich nur im Interesse der Sache und auch mit Sach=
kenntnis betreiben, finden sich viele andere, die lediglich durch die hohen
Preise gelockt werden. Während die alten Meister wie Wright, Blériot
oder Farman ihre Maschinen nur besteigen, nachdem sie selbst jeden Spann=
draht und jede Schraube auf das sorgfältigste nachgesehen und geprüft
haben, während diese alten Meister in den Lüften selbst die größte Vorsicht
üben, ist der junge Nachwuchs tollkühn bis zur Vermessenheit. Und die

Strafe bleibt nicht aus. Das Jahr 1910 schließt mit der grauenhaften Liste von dreißig getöteten Aviatikern.

Gewiß sind auch im Jahre 1910 schöne Erfolge errungen worden. Der Höhenrekord ist bis auf 3000 m getrieben worden. Die Flugmaschine hat damit eine Höhe erreicht, welche den lenkbaren Luftschiffen immer noch verschlossen ist. Es gelingt weiter dem Brasilianer Chavez, das Simplon= massiv von Brig bis Domodossola zu überfliegen. Aber schon hier zeigt sich das Herostratentum. Chavez hatte selbst den Ausspruch getan, daß der Gewinner dieser Konkurrenz nur den Tod gewinnen würde, und dieser

Abb. 60. Blériots Drachenflieger 1906.

Ausspruch bewahrheitete sich an ihm selber. Wenige Meter vom Ziele entfernt kenterte sein Apparat, und der Flieger, der den 3000 m hohen Alpenstock überquert hatte, fand seinen Tod durch einen Sturz aus 10 m Höhe. Die Flugmaschine hatte also die Alpen überflogen, aber der traurige Ausgang des Unternehmens bewies zur Genüge, daß es für solche Experi= mente noch zu früh war.

Das Jahr 1910 brachte ferner weitere Kanalüberfliegungen. Der englische Flieger Grace flog von Dover nach Calais, umkreiste den fran= zösischen Ort und kehrte, ohne zu landen, nach England zurück. Aber im Herbste desselben Jahres wurde ebenderselbe Grace bei einem Seeflug in die Nordsee vertrieben und fand ein erbärmliches Ende. Erst nach Monaten trieb seine Leiche in einem holländischen Hafen an.

Der Dauerflug wurde im Jahre 1910 bis auf 8 Stunden, im Jahre 1911 auf 12 Stunden und 30 Minuten getrieben, eine Rekordleistung, die in den folgenden Jahren nicht mehr überboten werden und wohl für einige Zeit das Maximum darstellen dürfte. Wir glauben, wohl mit Recht, denn wenn ein Flieger fast 12 Stunden hindurch seine Maschine

Abb. 61. Lathams Kanalüberfliegung: Abfahrt von der französischen Küste bei Calais.

geführt hat, deren Führung sicherlich sehr viel anstrengender ist, als diejenige eines Automobils, so dürfte er so ermüdet sein, daß eine weitere Ausdehnung des Fluges das Unheil geradezu herausfordert.

Auch die ersten Überfliegungen großer Städte fallen in das Jahr 1910. Der Wrightschüler Graf Lambert überflog Paris, der deutsche Aviatiker Frey Berlin. Auch hier riskierte man viel ohne rechten Zweck. Erfreulicherweise gingen indes die Versuche ohne Unfall ab.

Unter anderen Unfällen brachte das Jahr 1910 auch den Todessturz des allgemein beliebten früheren Rennfahrers Robl. Gerade diese Katastrophe muß als selbstverschuldet angesehen werden. Der alte Rennfahrer liebte Bravourstücke. So ließ er seine Maschine aus beträchtlicher Höhe in steilem Gleitflug sehr schnell nach unten fallen, um dann den Fall durch ein plötzliches Wagerechtstellen der Maschine abzufedern und sanft zu landen. Dieses Kunststück pflegt auf das Publikum stets großen Eindruck zu machen. Aber Robl vergaß, daß die Schwingen des Apparates dabei die ganze Wucht des Sturzes abfedern müssen. Er traute seinem Apparat zu viel zu, und so wurde einmal die Beanspruchung zu groß. Die Schwingen konnten den Fall nicht mehr auffangen, sie knickten zusammen und ein Todessturz war die Folge.

Das Jahr 1911 brachte eine weitere Steigerung der Aviatik. Die Zahl der verschiedenen Konstruktionen ging bald an die Hundert und die Fliegergemeinde wuchs beträchtlich an Kopfzahl. Leider nahmen auch die Unfälle dementsprechend zu. Sie erreichten beinahe die doppelte Höhe des Jahres 1910. Das Jahr 1910 hatte in Frankreich schon große Überlandflüge gebracht, während in Deutschland in beinahe allen Großstädten auf abgeschlossenen Plätzen sogenannte Flugwochen stattgefunden hatten. Das Jahr 1911 brachte neben den Flugwochen auch in den anderen Staaten Überlandflüge. Leider wurde der geplante große europäische Rundflug durch chauvinistische Quertreibereien vereitelt. Dafür gab es aber einen Flug Paris-Madrid, der über die Pyrenäen führte und ohne Unfall vonstatten ging; es gab einen Flug Paris-Rom, der beträchtliche Strecken über das Mittelmeer führte und ebenfalls glatt abging; und endlich brachte der Sommer des Jahres den großen deutschen Rundflug, der allein mit einer halben Million Mark dotiert war und gute Resultate zeitigte. Daneben fanden kleinere Rundflüge den Rhein entlang, durch Sachsen usw. statt. An Rekorden ergab sich ein Passagierflug mit 11 Passagieren, eine Leistung, die sicherlich ganz kolossal ist, und eine wesentliche Erhöhung der Geschwindigkeiten. Der Morane-Flieger Vedrines legte eine 500 km lange Strecke in wenig über 3 Stunden zurück, erreichte also eine Geschwindigkeit von beinahe 150 km in der Stunde. Wir erinnern uns, daß noch vor zwei Jahren Farman in ungefähr drei Stunden nur 180 km hinter sich brachte.

Dieser Rekord wurde erreicht, weil auch in diesen weiteren zwei Jahren der Motor eine gewaltige Verbesserung erfahren hatte. Während die Wrights mit einem 25 pferdigen Motor anfingen, baute Morane in seine kleinen starken Eindecker Motoren von 120 Pferdestärken ein und erzielte so Rennmaschinen vom reinsten Wasser.

Betrachten wir jenen Januartag, da Farman den ersten Kilometerflug ausführte, als den Geburtstag der Aviatik, so ist die junge Technik heute vier Jahre alt. Während dieser Zeit hat sie eine Entwicklung genommen, die in mancher Beziehung an das Automobil erinnert. Auch der Kraftwagen war erst ein wissenschaftliches Problem für einige wenige Sonderlinge. Dann wurde er ein Sportsmittel, dann kam eine Hochflut von verschiedenen Konstruktionen und Fabrikaten. Und dann entwickelte sich das Sportsmittel zu einem zuverlässigen und wirtschaftlichen Verkehrsmittel. Die Flugmaschine oder, wie wir besser deutsch sagen können, das Flugzeug, ist heute in jenem Stadium der konstruktiven Überfülle. Beinahe jeder Tag bringt uns heute neue Flugzeugkonstruktionen, und da wir nun einmal gute leichte und starke Motoren haben, so fliegen diese Konstruktionen auch. Es ist auch wohl anzunehmen, daß aus diesem Überfluß manche wertvolle Anregung, manche gute konstruktive Idee gewonnen wird. Aber für den Chronisten ist es außerordentlich schwer, eine übersichtliche Darstellung auch nur der wichtigsten Typen zu geben. Nach allem, was wir heute von technischer Entwicklung wissen, wird das Flugzeug auch sicherlich in den kommenden Jahren auf einige wenige Normaltypen zurückgeführt werden, wie das ja heute bereits beim Automobil der Fall ist.

Und das gilt nicht nur für die Konstruktionen, sondern auch für die Ausführung. Heute werden die verschiedenen Flugmaschinen noch aus den verschiedensten Stoffen gebaut. Die Wrights nehmen beispielsweise ihr geliebtes amerikanisches Bergkiefernholz, das sogenannte „Spruce". Die Franzosen und Deutschen bauen ihre Gestelle größtenteils aus geschweißtem Stahlrohr. Daneben finden wir aber auch noch Bambusrohr und Aluminium. Nach menschlicher Voraussicht wird die Entwicklung dahingehen, daß in 10 Jahren sämtliche Flugzeuge aus den leichten, aber äußerst festen Chromnickelstahlrohren gebaut werden. Die Wrights werden voraussichtlich am allerlängsten an ihrem Holzbau festhalten, ebenso, wie sich Graf Zeppelin bis zum heutigen Tage noch nicht vom Aluminium trennen konnte, obwohl auch hier sicherlich die modernen hochwertigen Stahlsorten weitaus besser wären.

Im folgenden sollen nun die wichtigsten Flugzeugtypen in Kürze besprochen werden. Wir beginnen am besten mit den Zweideckern, welche ja die ersten erfolgreichen Flüge ausführten. Unsere Abbildung 58 zeigt Farmans Flugapparat, der in den Pariser Werkstätten der Gebrüder Voisin gebaut wurde. Schon der erste Blick zeigt, wie sehr sich dieser Apparat von demjenigen Lilienthals unterscheidet. Lilienthal erinnerte wirklich noch an einen beschwingten Vogel. Beim Voisin-Flieger ist alles glatt und ge= rade und maschinenmäßig. Aber trotzdem hat man inzwischen von den Vögeln hinzugelernt. Die Vögel haben ja nicht lediglich Flügel, sondern auch Beine. Sie können laufen und sie müssen sogar laufen können, um von der Ebene einen guten Abflug zu haben. Lilienthal benutzte seine eigenen Beine zum Absprung. In einem späteren Stadium kam man dazu, daß der fliegende Mensch auf der Tragfläche saß oder lag. Dann war die Maschine sozusagen fußlos und mußte zum Abflug von Hilfsmann= schaften gehalten werden. Daher kam man dazu, die modernen französi= schen Flugzeuge auf Räder zu setzen. So sehen wir auch beim Voisin-Flieger je vorn und hinten ein pneumatikbereiftes Räderpaar. Dadurch wird dem ganzen Apparat die Möglichkeit gegeben, unter der Wirkung der Luftschraube über ebenes Gelände mit Automobilgeschwindigkeit dahinzurollen. Weiter besteht nun der Apparat selbst in seinem vorderen Teile aus einem zwei= flächigen Kastendrachen. Zwei lange rechteckige Rahmen aus leichtem Stahlrohr sind unter sich durch Verstrebungen verbunden, so daß sie in einem Abstande von etwa $1^1/_2$ m parallel zueinander stehen, und dann mit Stoff bespannt. Von diesem vorderen Hauptdrachen führt eine lange, leichte Trägerkonstruktion zu einem kleineren Schwanzdrachen. Es ist eben= falls wieder ein kleiner Kastendrachen. Im vorderen Drachen befindet sich der Platz für den Flieger und der Motor. Nach vorne zu sind in einem Ausleger drehbare Steuerflächen befestigt, welche die Höhensteuerung bewirken.

Zwischen den beiden Flächen des kleineren hinteren Drachens ist ein Seitensteuer eingebaut. Der lange Schwanz mit dem kleineren Drachen dient zur Stabilisierung des Apparates, um ein Kippen nach vorn oder hinten sicher zu verhüten. Schwierigkeit macht dagegen die Erhaltung des seitlichen Gleichgewichtes. Namentlich beim Fahren von Kurven gehört alle Geschicklichkeit des Fahrers dazu, um ein seitliches Umwerfen zu ver= meiden.

Die Abb. 62 zeigt den Farmanschen Flugapparat in einer technischen Darstellung im Aufriß und Grundriß. Wir ersehen aus dem Grundriß, daß die Maschine mit ihren Haupttragflächen eine Breite von 10 m erreicht. Dem gegenüber steht aber auch eine erhebliche Längenausdehnung, die von der Vorderkante des vorderen Höhensteuers bis zur Hinterkante der hinteren Tragflächen gemessen 10,5 m beträgt. Der Grundriß erinnert

also einigermaßen an den Körper eines Vogels, bei welchem bei ausgebreiteten Schwingen Länge und Breite ebenfalls ungefähr gleich zu sein
pflegen.

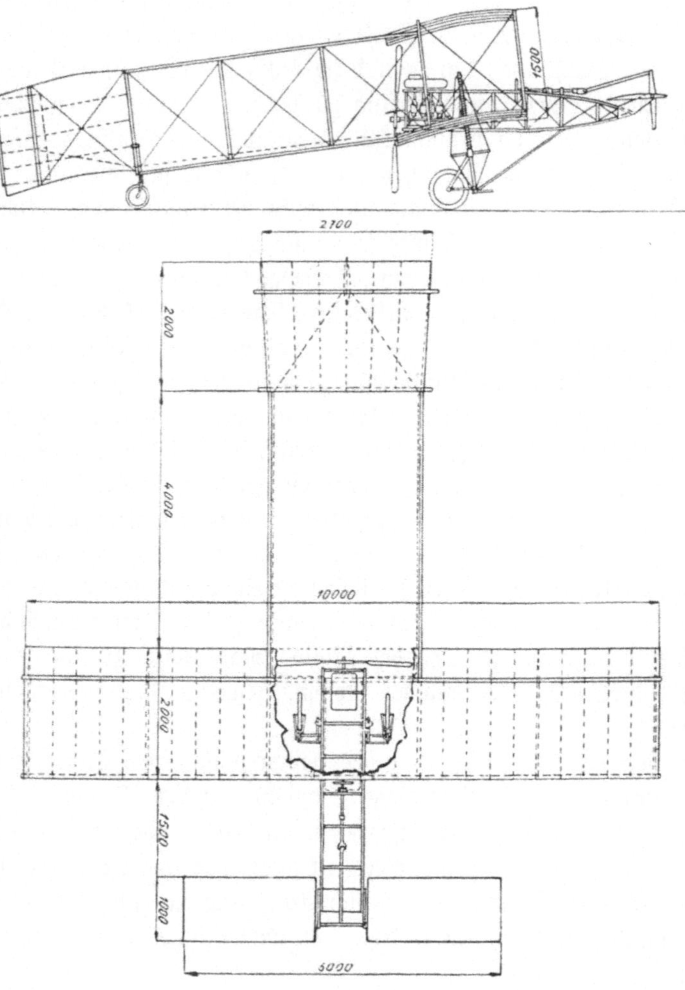

Abb. 62. Farmans Flugapparat. Aufriß und Grundriß.

Ein wesentlich anderes Bild bietet die Maschine der Gebrüder Wright
(Abb. 63), mit welcher doch auch recht schöne Erfolge erzielt wurden. Dem
Apparat fehlt zunächst einmal die ganze Schwanzkonstruktion, die den Voisin-
schen Flieger auszeichnet. Ebenso wie bei Voisin finden wir auch bei Wright

Abb. 63. Wilbur Wright im Fluge.

vorn einen großen zweiflächigen Kastendrachen, auf dessen unterer Fläche der Fahrer und der Motor ihren Platz haben. Damit aber ist die Geschichte nach hinten zu auch zu Ende, und ein wenig erinnert der Wrighsche Apparat an ein Huhn, dem man den Schwanz ausgerissen hat. Nach vorn zu trägt der Apparat an Auslegern ein Steuer, welches etwas an dasjenige des Voisin= schen Apparates erinnert. Nach hinten zu befinden sich die beiden ziemlich langsam laufenden großen Holzschrauben, welche vom Motor her durch Kettentriebe bewegt werden, und ferner ein Seitensteuer, welches jedoch bisweilen auch nach vorn gelegt wurde.

Schließlich hatte das Wrightsche Flugzeug zunächst auch keine Räder. Es war vielmehr eine besondere Ablaufvorrichtung vorhanden, die aus einer etwa 20 m langen Holzbahn und einem etwa 10 m hohen Fallturm besteht. Der Flugapparat wird auf ein Wägelchen gesetzt, das auf der Holzbahn vom Turm fort vorwärts läuft und mit Hilfe eines Seilzuges und eines etwa 700 Pfund schweren Fallgewichtes, das vorher im Turm empor= gewunden wurde, schnell vorwärts gerissen wird. Auf dem Wägelchen steht die Flugmaschine, die sich infolge der schnell erreichten Geschwindigkeit nach wenigen Metern vom Wägelchen abhebt und den Flug beginnt. Daneben besitzt die Maschine Holzkufen, die bei der Landung den Stoß abfangen. Die Wrights, stolz auf ihre ersten und großen Erfolge, haben diese Art des Startes, die sicherlich nicht technisch einwandfrei ist, Jahre hindurch bei= behalten und sich erst 1911 entschlossen, auch ihre Maschinen mit Laufrädern auszurüsten. Das ist jedenfalls ein erfreulicher Beweis dafür, daß wir auch in der Aviatik allmählich zu allgemein gültigen Normalkonstruktionen kommen werden.

Gegenüber diesen beiden Zweideckern muß nun der erfolgreiche Ein= decker Blériots genannt werden. Die Abb. 64 zeigt diese Maschine und gibt ein gutes Bild der ganzen Anordnung. Wir finden hier ebenso wie bei Farman eine lange durchgehende Trägerkonstruktion, welche vorn die eigentlichen Haupttragflächen enthält und hinten zwei kleinere Stabili= sierungsflächen und ein Seitensteuer trägt. Wie der Apparat auf dem Bilde dasteht, erinnert er stark an eine Libelle. Wir sehen nur einfache Trag= flächen, haben es also mit einem Eindecker zu tun.

Beim Zweidecker ist der Platz für den Aviatiker ganz naturgemäß zwischen den beiden Tragflächen gegeben. Beim Eindecker bleibt die Frage offen, ob der Führersitz über oder unter der Tragfläche angeordnet werden soll. Beim Blériotapparat sitzt der Flieger über den Tragflächen in einer Art kanoeartiger Ausbuchtung des Längsträgers. Dagegen ist der Motor unterhalb der Flächen angeordnet. Im Gegensatz zu Wright und Farman, welche die Schraube hinten haben, ist sie beim Blériot vorn angeordnet. Die Wright= und Farmanapparate werden also von der Schraube vorwärts gestoßen, der Blériotapparat wird von der Schraube vorwärtsgezogen.

Die Abb. 61 zeigt den Blériotschüler Latham auf einem Blérioteindecker über den französischen Kanalklippen und läßt recht deutlich den vogelartigen Eindruck der Maschine erkennen.

Betrachten wir nun zunächst die Entwicklung der drei eben geschilderten Typen, so zeigt sich folgendes. Der Altmeister Lilienthal hat noch Apparate, die motorlos und sehr primitiv hergestellt sind, aber noch durchaus an die Schwingen eines Vogels erinnern, wobei der Körper des Fliegers dem

Abb. 64. Blériots Eindecker.

Vogelkörper entspricht. Der Hauptmann Ferber beginnt 1902 mit Apparaten, die noch durchaus an die Fledermausflügel Lilienthals erinnern, kommt jedoch im Verlaufe weniger Jahre zu einem einfachen glatten Kasten= drachen, der viel mehr einem mathematischen Körper, als einem lebendigen Organismus ähnelt. Die ersten Erfolge erringen die Gebrüder Wright auf einer Maschine, die der Ferberschen ähnlich und von jedem lebendigen Vogel himmelweit verschieden ist. Die Farman=Voisin=Apparate kehren schon wieder ein wenig zur Vogelgestalt zurück, und die Blériot=Apparate endlich zeigen eine auffallende Ähnlichkeit mit ihr.

Wollen wir nun in der Unzahl der vorhandenen Konstruktionen gerade diese Entwicklung weiter verfolgen, die man wohl frei nach Rousseau mit der Devise „Rückkehr zur Natur" bezeichnen kann, so kommen wir zu dem deutsch=österreichischen Flugapparat Wels=Ettrich=Rumpler, der kurzweg als

die Ettrichsche Taube bekannt ist. Wels hatte das Glück, in dem Groß=
industriellen J. Ettrich und dessen Sohn zwei eifrige, an seine Sache
glaubende und finanziell opferfreudige Mitarbeiter zu finden. Im Verlauf
sorgfältiger Studien über die von der Natur geschaffenen organischen Gleit=
flieger sah sich Wels auf Anregung des Hamburger Gelehrten Ahlborn zum
näheren Studium der auf Kuba gedeihenden Pflanze Zanonia, deren
Samen eine ganz auffallende Stabilität zeigen, veranlaßt. Die Grundriß=
form dieser ahornähnlichen Samen ist die eines Halbmondes mit abgerundeten
Ecken; wirft man einen solchen Samen in die Luft, so gleitet er mit der
stärker gekrümmten Kante voran langsam zur Erde. Die Fläche des Samens

Abb. 65. Wels=Ettrich=Flieger. Erste Ausführung (1909).

besteht aus einem System konkav und konvex gekrümmter Flächen. In
der Mitte ist sie vorn konkav nach unten gewölbt, hinten jedoch konvex; die
beiden Hörner sind hinten und außen nach aufwärts gebogen.

Wels konstruierte nun einen Gleitflieger, welchem er die Form der
Zanonia gab. Nach Herstellung kleiner Modelle, die sehr zufriedenstellende
Resultate bezüglich ihrer Stabilität ergaben, baute Wels einen großen
Gleitflieger, der eine Spannweite von 10 m und eine Breite von 3,5 m
bis 5 m hatte. Das Gewicht des Gleitfliegers betrug 164 kg, das Ausmaß
der Tragfläche war 38 qm.

Die Tragfläche, aus einem mittleren, festen Teil und zwei seitlichen,
zusammenlegbaren Teilen bestehend, wird durch ein beiderseits mit Lein=
wand überzogenes Gerippe aus Bambus gebildet. Um die Leichtigkeit und
Festigkeit des Bambus auszunutzen, ohne die ihm anhaftenden Nachteile

des Splitterns und des Knickens in den Knoten mit in Kauf zu nehmen, wurde derselbe in äußerst interessanter Weise verarbeitet. Es wurden nämlich aus dem äußeren und harten Teile mächtiger Bambusrohre Stäbchen von dreieckigem Querschnitt herausgeschnitten, wobei eine Seite des Dreiecks von der harten Außenhaut der Rohre gebildet wurde. Mehrere solcher Stäbchen wurden nun mit ihren Schnittflächen sektorenartig zu einem Stabe von polygonalem Querschnitt zusammengeleimt, wobei die Außenhaut der Dreiecke wieder nach außen kam, und wobei die Knotenpunkte der einzelnen Stäbchen gegeneinander versetzt wurden. In kurzen Zwischenräumen wurden sie mit gepechter Seide umwickelt. Diese Herstellungs=

Abb. 66. Der neue Wels=Ettrich=Apparat.

methode gestattet auch, jede gewünschte Verjüngung der Stäbe auf einfache Weise zu erreichen, so daß man dieserart ein elastisches, leichtes und trozdem festes und universal verwendbares Material erhält. Das Interessante am Wels=Ettrichschen Flieger und zugleich dasjenige, was bei der Herstellung die größten Schwierigkeiten bereitet hat, war die Formgebung der einzigen vorhandenen Tragfläche. Diese besteht nämlich so wie der Zanoniasamen aus dem System konkaver und konvexer Flächen, welche durch geeigneten Übergang ineinander ein sowohl in der Längsrichtung als auch in der Querrichtung stabiles Ganzes bilden. Die Wölbung des mittleren Teiles der Tragfläche ist in der vorderen Partie eine nach unten konkave, gegen rückwärts zu wird sie nach unten konvex.

Abb. 65 zeigt diesen Flugapparat in seiner ersten Ausführung vom Jahre

1909. Man erkennt die oben geschilderten eigenartig gekrümmten Schwingen, die recht sehr an die gespreizten Flügel einer Taube erinnern. Der Apparat ist im Gegensatz zur Blériotmaschine ferner ein Beispiel für einen Eindecker, bei welchem Motor und Aviatiker ihren Platz unter den Tragflächen haben. Aus der Abbildung ist weiter auch die nachgiebige Federung der Räder und Hinterkurven gegen den eigentlichen Flugapparat gut zu ersehen.

Im Laufe der folgenden zwei Jahre hat die Maschine noch weitere

Abb. 67. Der Wels-Ettrich-Apparat im Fluge.

wesentliche Änderungen erfahren. Der Erfinder setzte an den Apparat zur Verbesserung der Längsstabilität noch eine Art Schwalbenschwanz an und legte den Führersitz so weit nach oben, daß der Aviatiker eigentlich zwischen den Tragflächen sitzt. Abb. 66 zeigt den neuen Apparat. Man sieht die zahlreichen Spanndrähte, welche zu verschiedenen Punkten der Tragflächen hinführen und ihnen die nötige Festigkeit verleihen. Weiter ist das Steuerrad sichtbar und davor die Gasleitungen des Motors und schließlich ganz vorn die Schraube.

Abb. 67 zeigt diese Ettrichsche Taube in den Lüften, und hier gleicht der Apparat wohl geradezu täuschend einem lebendigen Vogel.

Die hier dargestellte Maschine, die man als rein deutsches Fabrikat an=
sprechen kann, hat im Jahre 1911 eine Reihe bemerkenswerter Rekorde
aufgestellt. Der Welsschüler Ingenieur Hirth gewann beispielsweise den
deutschen Zuverlässigkeitsflug am Oberrhein, der 650 km weit über die
Strecke Baden, Freiburg, Mülhausen, Straßburg, Karlsruhe, Mannheim,
Mainz und Frankfurt ging. Die Zuverlässigkeit der bestehenden Flugzeuge
deutscher Erzeugung sollte auf diesem Fluge erprobt werden, und derjenige
Pilot sollte Sieger sein, der seine Maschine vom Startplatz bei Baden aus
über alle Etappen, trotz aller hierfür nötigen Zwischenlandungen und Schau=
flüge, in flugfähigem Zustande ans Ziel brachte. Hirth war der erste und
einzige, der die Bedingungen der Ausschreibung vollständig erfüllen konnte.

Abb. 68. Albatros=Eindecker.

Außerdem schuf die Maschine zwei neue deutsche Höhenrekorde mit Passa=
gieren. Im April erreichte Hirth mit einem Passagier 650 m und im Mai
800 m.

Wenn wir trotz der großen Anzahl der vorhandenen Konstruktionen die
Ettrichsche Taube besonders ausführlich und eingehend behandelt haben, so,
geschah es, weil sich gerade hier die Keime zu einer Entwicklung zeigen,
die uns möglicherweise in wenigen Jahren ein ideales Flugzeug bescheren
wird. Wir können zwei entgegengesetzte Typen unterscheiden, die am besten
durch die Konstruktion des Anglofranzosen Morane und durch die Taube
repräsentiert werden. Die Moranemaschine arbeitet mit kleinen, beinahe
geraden Flächen und ungewöhnlich starken Motoren. Sie vertritt, wenn
man einen kühnen Vergleich gebrauchen darf, gewissermaßen das Prinzip
der Flintenkugel, die mit enormer Geschwindigkeit durch den Raum ge=
rissen und von Luftströmungen und Wirbeln nicht allzusehr gestört wird.
Im Gegensatz dazu stellt die Taube den Apparat dar, der dem lebendigen

Organismus schon recht nahe kommt. Auch auf den fliegenden Vogel, den
Albatros oder den Adler wirken ja jene Luftwirbel, die unseren Aviatikern
ja so oft gefährlich werden. Und dennoch hat man noch niemals gehört,
daß einer jener Sturmvögel vom Winde umgekippt worden sei. Die Ursache
liegt im natürlichen Bau der Vogelschwinge. Schon das Armgerüst des
Vogels ist ein biegsames, von ständigem Muskelspiel durchzittertes Fachwerk.
Und dann kommen die Vogelfedern, die erst die eigentliche Schwinge bilden.
Die Biegsamkeit und die Elastizität der Vogelfedern ist ja bekanntlich so
groß, daß wir im Maschinenbau elastische Teile direkt als Federn bezeichnen,
daß wir von Uhrfedern, von Wagenfedern und dergleichen sprechen. Trifft

Abb. 69.　Albatros-Eindecker.

nun ein plötzlicher Stoß oder Wirbel die ausgebreitete Vogelschwinge, so
tun die Federn eben das, was ihr Name schon besagt, nämlich sie federn
jenen Stoß ab und lassen ihn gar nicht in das eigentliche Flügelgerüst
hineinkommen.

　Schon der verstorbene Flugtechniker Buttenstädt hat dies Prinzip der
schnellen Spannung und Wiederentspannung der Vogelschwinge erkannt
und die Notwendigkeit proklamiert, es beim Bau von Flugapparaten anzuwenden. Und betrachten wir diese Frage vom allgemeinen technischen
Standpunkte aus, so erscheint es in der Tat verwunderlich, daß diese durchaus richtige Theorie noch nicht allgemeinere praktische Anwendung gefunden
hat. Freilich wird die Technik damit vor eine enorm schwierige Aufgabe
gestellt, denn man wird von den Schwingen eines idealen Flugapparates

ja nicht nur eine gute Federung, sondern daneben auch jene Starrheit ver-
langen müssen, die unbedingt notwendig ist, um den Apparat sicher durch
die Luft zu tragen. Aber auf die Dauer wird es nicht angehen, künstliche
Vögel zu bauen und die Federn dabei zu vergessen.

Einstweilen haben unsere Techniker noch reichlich zu tun, um die Schwingen
in der nötigen Starrheit zuverlässig herzustellen. Gleichviel, ob es sich um
Ein- oder Zweidecker handelt, sind dazu stählerne Spanndrähte unentbehrlich,
und an diesen Spanndrähten hängt buchstäblich das Leben der Flieger.

Noch im Jahre 1909 war die Aviatik eine französisch-amerikanische Kunst
und die deutsche Technik steckte durchaus in den Kinderschuhen. Nur der

Abb. 70. Albatros-Zweidecker (Farmantyp).

einzige deutsche Ingenieur Hans Grade hatte damals schon geringe Erfolge
zu verzeichnen. Aber seitdem sind zahlreiche deutsche Flugwerke entstanden.
Erwähnt wurde bereits die Ettrichsche Taube, die aus den Werkstätten der
Rumpler Fahrzeugbau G. m. b. H. stammt. Daneben sind die Albatros-
werke G. m. b. H. zu Berlin-Johannistal zu nennen, die ebenfalls recht
erfolgreiche Flugzeuge, und zwar sowohl Eindecker wie auch Zweidecker,
herausgebracht haben.

Die Abb. 68 und 69 zeigen den Albatros-Eindecker und lassen die Anordnung von Schraube, Motor, Führersitz, Benzintank und Rad- und
Kufenwerk wohl erkennen. Diese Eindecker haben größte Spannweiten
von 15—17 m, eine Länge von 12 m und wiegen ohne Motor 340 kg. Sie
werden je nach Wunsch der Besteller mit Gnomemotoren von 50, 70 oder

100 Pferdestärken ausgerüstet. Die äußersten Schwingenteile können ab= genommen werden und bei verkleinerten Schwingen läßt sich dann bei ent= sprechend verringerter Belastung eine größere Geschwindigkeit erzielen. Die Tragflächen sind ferner mit der bekannten zuerst von den Wrights be= nutzten Flächenverwindung ausgestattet, die es gestattet, die einzelne Schwinge im Endteile mehr oder weniger schräg gegen den Wind zu stellen und so die nötige Stabilität zu erzwingen.

Daneben sei der Albatroszweidecker erwähnt, den Abb. 70 veranschau= licht. Er entspricht dem Farmantyp und hat 50 qm Tragfläche bei einer

Abb. 71. Albatros=Zweidecker (Sommertyp).

größten Spannweite von 10,5 m und einer Länge von 12 m. Das Gewicht der Maschine beträgt ohne Motor 200 kg, zur normalen Ausrüstung gehört ein 50pferdiger Gnome= oder Argusmotor.

Der Leser, welcher die aviatischen Ereignisse in den Tageszeitungen verfolgt, wird nun gewiß auf eine verwirrende Fülle von Konstruktionen gestoßen sein. Die Abb. 71, die einen anderen Zweidecker der Albatros= werke darstellt, mag aber als klassischer Beweis dafür dienen, daß es mit den Einzelkonstruktionen nicht so gefährlich ist, und daß sich die Maschinen immer auf einige Haupttypen zurückführen lassen. Abb. 70 stellt einen Farmantyp dar, Abb. 71 dagegen den Typ Sommer. Man sieht wohl, daß der ganze Unterschied in der veränderten Ausführung der Schwanz= flächen zu suchen ist. Der Sommerzweidecker, Abb. 71, hat eine einzige

verstellbare Schwanzfläche und über und unter derselben die beiden Seitensteuer. Der Farmanzweidecker, Abb. 70, hat zwei feste Schwanztragflächen
und zwischen denselben die Seitensteuer. Das ist gewiß ein Unterschied,
aber er ist jedenfalls so gering, daß man beispielsweise das Sommer-Aeroplan
ohne weiteres als eine Modifikation des Farman-Aeroplanes bezeichnen
kann.

Die Abb. 70 und 71 zeigen noch eine andere wichtige technische Erfindung, nämlich die sogenannten Ailerons. Es sind dies jene klappen-

Abb. 72. Der Harlan-Eindecker.

artigen Anhängsel am hinteren Rande der vorderen Tragflächen, welche
denselben Zweck verfolgen, wie die Flächenverwindung. Sie sollen das seitliche Gleichgewicht erhalten. Normalerweise sind die Ailerons in die
Richtung der Tragfläche gestreckt, wie es Abb. 71 zeigt. Sie können jedoch
auch beliebig, und zwar unabhängig von einander, nach unten geklappt
werden, erhöhen so den Luftwiderstand und damit auch die Tragkraft der
betreffenden Seite des Flugapparates und stellen das etwa gefährdete
Gleichgewicht wieder her.

Erwähnen wir noch, daß die geringe Krümmung aller Tragflächen, die
beispielsweise aus den Abb. 70 und 71 deutlich zu ersehen ist, ein Gegenstand sorgfältigen Studiums geworden ist, und daß die Flugmaschinen mit

beſonderem Gummiſtoff bezogen werden, welcher mechaniſche Feſtigkeit
mit großer Wetterfeſtigkeit vereinigt, ſo wären damit die wichtigſten tech=
niſchen Eigenſchaften der Flugzeuge nach dem gegenwärtigen Stande der
Dinge erwähnt.

Doch nun noch etwas über die Seele des Flugzeuges, den Motor. Die
Technik hat auch hier große Fortſchritte gemacht; nicht am Gewicht, denn
die Motoren wiegen auch heute pro Pferdeſtärke noch 2 kg, wie ſie es

Abb. 73. Der Wienczier=Eindecker.

bereits im Jahre 1908 taten; wohl aber an der Zuverläſſigkeit und an der
Lebensdauer.

Unſer gewöhnlicher Automobilmotor hat gegenwärtig eine Lebensdauer
von wenigſtens 10 000 Betriebsſtunden. Man rechnet damit, daß ein gutes
Automobil 50 000 km mit einer durchſchnittlichen Stundengeſchwindigkeit
von 50 km zurücklegt, bevor wichtige Teile, wie Zylinder und Kolben, aus=
gewechſelt werden müſſen. Der Flugmotor des Jahres 1909 hatte eine
garantierte Lebensdauer von 24 Betriebsſtunden. Nach einer Be=
anſpruchung von nur 24 Stunden waren die wichtigen Teile verſchliſſen
und mußten ausgewechſelt werden.

Das Jahr 1911 hat uns bereits Motoren gebracht, die 200 Betriebs=
stunden ohne nennenswerte Reparatur ausgehalten haben. Das ist ein
Fortschritt, der technisch und wirtschaftlich gewaltig ins Gewicht fällt. Denn
ein guter Flugzeugmotor kostet wenigstens 5000 Mark, und wenn er in
24 Stunden zum Teufel geht, wird das ein teurer Spaß. Natürlich ist
auch eine Lebensdauer von 200 Stunden noch zu gering, aber ein erfreu=
licher Fortschritt wird auch hier schnellere Steigerung bringen. Und die
Zuverlässigkeit hat gewaltig gewonnen. Wenn früher Motordefekte un=
trennbar zum Motor gehörten, so ist es heute doch schon anders. Die

Abb. 74. Schwingenflieger von Colomb.

Aviatiker rechnen heute mit einem sicheren stundenlangen Funktionieren
ihrer Motoren, denn unter dieser Voraussetzung sind Konkurrenzen wie
beispielsweise der große deutsche Rundflug des Jahres 1911 überhaupt erst
möglich.

Die Entwicklung des Aeroplanes ist heute nicht mehr aufzuhalten, sie
wird zum zuverlässigen schnellen Sportsmittel und dann zum Verkehrs=
mittel führen. Zu wünschen ist es nur, daß diese Entwickelung nicht mit
allzu vielen Menschenopfern erkauft wird, denn notwendig sind diese Opfer
nicht mehr. Sie sind zum größten Teil auf bösen Leichtsinn zurückzuführen
und lassen sich wohl vermeiden.

Infolge der großen Erfolge der Drachenflieger oder Aeroplane sind nun

die beiden anderen noch theoretisch möglichen Flugzeugtypen, die Schwingen=
flieger und die Schraubenflieger (Abb. 74 u. 75), ganz in den Hinter=
grund getreten. Die Schwingenflieger wollen mit schwingenartigen
Flächen Schläge gegen die Luft ausführen, ähnlich wie die Flattervögel.
Irgendwelche praktische Bedeutung haben diese Konstruktionen gegen=
wärtig jedenfalls nicht. Das gleiche gilt bisher von den Schraubenfliegern
oder Helikopteren.

Wir lernten die Luftschraube bisher nur als Triebmittel kennen, sahen,
wie sie auf Motorballon und Motordrachen einen gewaltigen Vorwärts=
schub ausübte. Naturgemäß kann man die Achse einer solchen Schraube

Abb. 75. Schraubenflieger von Wilbur R. Kimballs mit 24 kleinen hölzernen Schrauben.

auch senkrecht stellen, so daß sie einen Schub von unten nach oben, einen
Zug in die Höhe ausübt. Man kann beispielsweise ein leichtes Rahmen=
gestell bauen, in dem sich ein Motor nebst Zubehör befindet, und von welchem
mehrere Schraubenachsen senkrecht nach oben gehen. Eine solche Kon=
struktion wird sich bei richtigen Abmessungen in die Luft erheben, und wenn
man dann die nötigen Steuervorrichtungen und ferner einige Schrauben
für die horizontale Bewegung vorsieht, so wird man mit solcher Helikoptere
ebenfalls Luftfahrten unternehmen können. Theoretisch ist das alles sehr
schön. Aber die Motordefekte! Wenn ein Lenkballon davon betroffen wird,
so kann er ruhig als Freiballon weiterfahren und seine Motore ausbessern.
Wenn es einem Motordrachen passiert, so muß er im Gleitfluge nach unten
gehen. Wenn aber eine Helikoptere Motorschaden hat, wenn deren Schrauben

plötzlich stillstehen, so stürzt sie wie ein Stein aus der Luft herunter, und von den Fahrern dürfte wenig übrig bleiben. Es ist daher für absehbare Zeit nicht anzunehmen, daß die Helikopteren praktische Bedeutung gewinnen.

Dagegen kann für eine nicht allzu ferne Zukunft sehr wohl an den Einbau von Tragschrauben in Drachenfliegern gedacht werden. Wir sahen ja, daß die Drachenflieger aller Systeme· erst einen ganz gehörigen Anlauf nehmen müssen, bevor sie sich in die Luft erheben können. So sind Aufstiege von Motordrachen nur auf freien Feldern möglich, ein Abstieg innerhalb bebauter Gebiete ist mit einer Katastrophe ziemlich gleichbedeutend. Wenn man daher ernstlich an einen zukünftigen Verkehr, etwa zwischen Großstädten, mit Hilfe von Flugmaschinen denkt, so wird man in die Motordrachen solche Tragschrauben einbauen müssen. Diese würden es dann gestatten, beispielsweise in dem engen Hofe eines städtischen Gebäudes genau senkrecht in die Höhe zu gehen und erst hoch oben in freier Luft den Flug als Motordrachen aufzunehmen.

Heute klingt es noch überaus kühn, wenn man im Ernste von dem Aeroplan als einem Verkehrsmittel der Zukunft spricht. Überblicken wir jedoch die großen Erfolge der letzten Jahre und stellen wir uns einen auch nur annähernden Fortschritt für die kommende Zeit vor, so wird an der Ausbildung des Aeroplans als Verkehrsmittel nicht zu zweifeln sein. Die Schranken, welche seiner Verwendung gesetzt sind, scheinen heute nicht mehr technischer Natur zu sein, sondern in den meteorologischen Verhältnissen zu liegen.

Wir kennen heute ja auch auf der Erdoberfläche schwere Nebel, welche das Automobilfahren unmöglich machen und selbst den Eisenbahnverkehr auf das schwerste bedrohen. Gerade der Flieger aber ist auf ein sichtiges Wetter angewiesen. Er kann in den Lüften selbst gewiß nach dem Barometer und dem Kompaß steuern. Aber er weiß nicht, wie sehr er dabei durch Winde vertrieben wird. Und wenn er dann aus den sonnigen Höhen hinuntergeht, wenn er den blauen Äther verläßt und in die unter ihm lagernden massiven Wolken hineinstößt, so befindet er sich plötzlich im undurchdringlichen Nebel. Und dann kann die Landung oft unliebsame Überraschungen bringen. Der sichere Flugplatz ist dann nicht zu finden, und eine Landung mit den heutigen Aeroplanen, die doch über eine ebene Fläche eine geraume Anzahl von Metern auslaufen müssen, ist in jedem Falle ein hochgefährliches Unterfangen.

Diese meteorologischen Verhältnisse sind sehr bedenklich. Aber schon heut kann an ihre Überwindung gedacht werden. Bei Sonnenschein wird

der Begleiter des Fahrers aſtronomiſche Ortsbeſtimmungen machen kön=
nen, welche den jeweiligen Platz bis auf ein paar hundert Meter genau
feſtſtellen. Und wenn beſondere Tragſchrauben es weiter geſtatten, den
Apparat langſam in ſenkrechter Richtung abzulenken, ſo ſieht die Sache
ſchon etwas hoffnungsvoller aus.

Einſtweilen mögen ſolche Betrachtungen ja noch in recht weiter Ferne
liegen. Wenn wir uns aber erinnern, wie überraſchend ſchnell ſich die
Flugtechnik in den letzten Jahren entwickelt hat, ſo dürfen wir uns noch auf
manche Überraſchung gefaßt machen.

Drachen, Regiſtrierballons und Drachenboote.

Bei der Benutzung der Freiballons müſſen wir bekanntlich drei Arten von Fahrten unterſcheiden, nämlich militäriſche, ſportliche und wiſſenſchaftliche. Die wiſſenſchaftlichen Ballonfahrten verfolgen den Zweck, den Zuſtand der oberen Luftſchichten, die dort herrſchende Temperatur, Feuchtigkeit, Windgeſchwindigkeit uſw. feſtzuſtellen. Ein Freiballon, der zu wiſſenſchaftlichen Zwecken aufſteigt, wird alſo eine ganze Reihe von Meßinſtrumenten mitnehmen müſſen. Zur Erleichterung der Arbeiten iſt man dabei ſchon ſeit längerer Zeit dazu übergegangen, ſelbſtregiſtrierende Apparate zu erſtellen, Apparate, welche Luftdruck, Temperatur uſw. fortlaufend auf einem Papierſtreifen aufzeichnen.

In früheren Jahren fanden derartige wiſſenſchaftliche Fahrten ziemlich unregelmäßig ſtatt, nicht zum wenigſten deshalb, weil ſolche Freifahrt ja natürlich Geld koſtet und gerade für wiſſenſchaftliche Zwecke Geld nicht immer im Überfluſſe zur Verfügung ſteht. Hier hat nun eine fortſchreitende Technik Abhilfe geſchaffen. Da die Apparate alle Aufzeichnungen ſelbſttätig vornehmen, ſo iſt es ja nicht mehr notwendig, daß Perſonen mit in die Lüfte ſteigen. Man kann vielmehr an Stelle der bemannten unbemannte Ballons aufſteigen laſſen. Dieſe aber, die nun nur noch die Apparate zu tragen haben, werden ja begreiflicherweiſe ſehr viel kleiner und billiger ausfallen können als die großen bemannten Ballons.

Es werden heute nach den Angaben des Geheimrates Aßmann, des Leiters des Königl. Aeronautiſchen Inſtitutes, ſolche regiſtrierende Apparate verfertigt, die im kompletten Satz, in ein leichtes Weidenkörbchen eingebaut, nur noch etwa 5 kg wiegen. Um ſie in die Lüfte zu tragen, bedarf man nur noch ſehr kleiner Ballons von etwa 2 m im Durchmeſſer, der ſogenannten Regiſtrierballons. Nun wird freilich der Leſer die Frage aufwerfen, wie es denn mit der Landung ſolcher Ballons und mit der Ablieferung der Apparate ausſieht. Die Praxis hat gezeigt, daß ſich alle dieſe Fragen in ganz befriedigender Weiſe löſen laſſen.

Der Regiſtrierballon ſelbſt (Abb. 76) in der Form, in welcher er vom Aeronautiſchen Inſtitut verwendet wird, beſteht aus einer leichten Gummi-

hülle, und zwar aus sehr dehnbarem Gummi. Diese Hülle wird leicht mit
Wasserstoff ausgeblasen, freilich nicht annähernd so prall, wie etwa die
bekannten bunten Kinderballons. Über diesen Gummiballon legt man nun
wie eine Art Haube ein rundes Stück Leinwand, von dessen Rändern
mehrere Schnüre nach unten gehen und den Kasten mit den registrierenden
Apparaten tragen.

Solch ein Registrierballon, dessen Apparate in gutem Zustande sind,
wird nun abgelassen und steigt entsprechend dem Auftrieb mit 2, 3 oder

Abb. 76. Inneres der Ballonhalle zu Lindenberg.
Registrierballons und Drachen.

4 m in der Sekunde in die Höhe, während er gleichzeitig durch den herrschen=
den Wind mitgenommen wird. Das Steigen geht mit gleichmäßiger Ge=
schwindigkeit weiter, während die Apparate ihre Aufzeichnungen machen.
Nach einer Minute mag ein Ballon bei 4 m Auftrieb pro Sekunde bei=
spielsweise 240 m Höhe erreicht haben, nach 10 Minuten 2400 m. Dabei
aber kommt der Ballon in Regionen immer geringeren Luftdruckes. Das
Gas wird sich in seinem Innern immer mehr ausdehnen und die Hülle
immer mehr straffen. Eine Weile macht der Gummi das mit. Schließlich
aber kommt derjenige Vorgang, den der Physiker als Selbstvernichtung
des geschlossenen Ballons bezeichnet. Die Hülle platzt, und das Gas ent=
weicht. Jetzt tritt aber die über dem Ballon liegende Leinwand als Fall=
schirm in Aktion. Nicht etwa in jähem Sturze, sondern ungefähr ebenso

allmählich, wie der Ballon aufgestiegen ist, sinkt der Fallschirm mit dem Apparat jetzt zu Boden. Das kann natürlich irgendwo auf friesischen Feldern oder im Schlesischen Gebirge oder an anderer Stelle geschehen, und man wird meinen, daß der Apparatenkasten, der nun irgendwo auf dem Felde liegt oder in den Kiefern hängt, endgültig verloren sein müsse. Das ist aber nicht der Fall. Es ist geradezu merkwürdig, auf wie weite Entfernungen hin der niedersinkende Fallschirm von den Landbewohnern gesehen wird, und wie sie alsbald dem fallenden Schirm nachgehen und ihn bergen. Nun bestünde zwar noch die Gefahr, daß unkundige Hände den Weiden= korb öffnen und die Apparate beschädigen können. Aber eine grelle In= schrift auf dem Korbe besagt: „Nicht öffnen, bei der nächsten Postanstalt gegen 5 Mark Belohnung abgeben." 5 Mark sind den meisten Landbewoh= nern mehr wert als das Vergnügen, den Korb zu öffnen. So sind von den Registrierballons, die das Aeronautische Institut im Laufe der Jahre aus= gesandt hat, knapp 2% verloren gegangen. Der Rest ist prompt an das Institut zurückgeschickt worden, und die Aufzeichnungen der Apparate er= gaben alle gewünschten Angaben über den Zustand der höheren Luftschichten.

Dabei sind ganz erstaunliche Höhen erreicht worden. Einzelne Registrier= ballons sind bis auf eine Höhe von 29 km gestiegen, haben also Luft= schichten durchfahren, die dem bemannten Ballon stets verschlossen sein werden. Im übrigen sind solche Höhen nicht bei jedem Aufstieg erforderlich. Man hat daher auch Vorrichtungen ersonnen, die den Ballon bereits früher zum Sinken bringen. So hat Aßmann seinen Ballons gelegentlich eine leichte Weckeruhr mitgegeben, die nach bestimmter Zeit ein Ventil öffnet und so den Abstieg bewirkt. Ein anderer bekannter Meteorologe, Professor Hergesell in Straßburg, der sich, beiläufig gesagt, auch um die Förderung des Zeppelinschen Unternehmens große Verdienste erworben hat, benutzte mit Erfolg die drahtlose Telegraphie, um einzelne freifliegende Ballons nach Wunsch herunterzuholen. Die drahtlosen Wellen öffneten am Ballon ebenfalls ein Ventil, was sich unter Einschaltung eines verhältnismäßig einfachen Mechanismus bewirken ließ. Man ging dabei sogar so weit, daß man die verschiedenen Ballons mit Einrichtungen versah, die nur auf verschiedene Wellenlängen reagierten. Es war nun möglich, verschiedene in der Luft befindliche Ballons zu verschiedenen Zeiten herunterzuholen.

Besondere Mittel wurden für die Erforschung der Atmosphäre über der offenen See notwendig. Gerade auf diesem Gebiet hat Hergesell bahn= brechend gearbeitet. Es gelang ihm unter tatkräftiger Unterstützung des Fürsten von Monaco, mehrere Expeditionen zur atmosphärischen Er=

forschung südlicher und nördlicher Meere zu veranstalten. Hier mußte man nun anders arbeiten. Auf dem Meere gibt es ja keine Landbevölkerung, die niederfallenden Apparaten nachgeht. Liegt aber ein Apparatenkasten erst einmal im Meere, so dürfte er auf Nimmerwiedersehen verloren sein. Professor Hergesell verwandte daher zwei kleinere Ballons, die durch eine 100 m lange Schnur verbunden waren. An der Mitte dieser Schnur war der Apparatenkasten befestigt, und von diesem ging wiederum eine 50 m lange Schnur aus, die einen leichten Schwimmkörper aus Hohlmetall trug. Die Tragkraft der Ballons war nun so abgemessen, daß beide zusammen das ganze System trugen, daß der einzelne Ballon aber nur den Apparaten= kasten und nicht mehr den Schwimmkörper in der Luft halten konnte. Vor dem Aufstiege wurde der eine Ballon ein wenig straffer mit Gas gefüllt, so daß er etwas eher als der andere platzen mußte. Nun ließ man das ganze System auf hoher See vom Schiffe aus aufsteigen, visierte genau die Rich= tung des Abfluges und machte sich mit dem Schiffe selbst alsbald an die Verfolgung. Die Ballons stiegen derweil und trieben vorwärts. Sie ent= schwanden dabei vollkommen den Blicken der Schiffsbesatzung. In einer gewissen Höhe platzte nun der eine Ballon. Der andere konnte das ganze System nicht mehr in der Luft halten, und dieses System sah jetzt wie folgt aus. Von dem unversehrten Ballon hing 50 m lang eine Schnur nach unten. An dieser befand sich der Apparat. Von dem ging wiederum 50 m lang eine Schnur nach unten, welche den Schwimmkörper trug. An einer dritten Schnur, die auch vom Apparatenkasten ausging, flatterte die leere Hülle des zersprengten Ballons. Dieses ganze System ging nun in mäßigem Sturze nach unten, bis der Schwimmkörper in das Wasser fiel. Dieser trug sein Gewicht, und jetzt war der unversehrte Ballon imstande, den Apparatenkasten zu tragen. Er blieb also als gefesselter Ballon 100 m über dem Meeresspiegel stehen und trug 50 m über der See die Apparate (Abb. 77). Inzwischen war das verfolgende Schiff ununterbrochen nach= gefahren und fand nach einiger Zeit am Horizonte den grellgefärbten und in seiner Höhe weithin sichtbaren Ballon. Auch diese Anordnung hat sich gut bewährt. Es sind Ballons nur in ganz geringem Prozentsatze verloren gegangen.

Es mag bei dieser Gelegenheit sofort bemerkt werden, daß Geheimrat Hergesell auch der Präsident der Internationalen Kommission für wissen= schaftliche Luftschiffahrt ist. Er selbst hat diese Vereinigung ins Leben gerufen und hat mit unermüdlichem Eifer für ihre Ziele gearbeitet. Über diese berichtete er seinerzeit selbst wie folgt:

Die erfte Aufgabe der Vereinigung beftand zunächft nicht in der Aus=
führung von möglichft vielen gleichzeitigen bemannten und unbemannten
Fahrten, es mußte vielmehr erft die Grundlage folchen Zufammenwirkens
in exakt arbeitenden, nach gleichmäßigen Prinzipien gebauten Inftru=

Abb. 77. Regiftrierballontandem nach Hergefell.
(Der eine Ballon ift geplatt, feine Hülle wird nachgefchleppt.)

menten gefunden werden. Auf unferer erften Tagung im April 1898 in
Straßburg wurde diefe fchwierige Aufgabe, die Schaffung eines gemein=
famen Inftrumentariums, wenigftens in den Grundzügen gelöft. Seitdem
fahren unfere bemannten Ballons im In= und Auslande mit dem von
Aßmann im Verein mit dem allzufrüh verftorbenen Hauptmann Bartfch
von Sigsfeld konftruierten Afpirationspfychrometer, und feitdem werden
die unbemannten Ballons mit den Normalregiftrierapparaten ausgerüftet,
welche der unermüdliche Teifferenc de Bort in Trappes bei Paris in aus=

gezeichneter Art konstruiert hat. Der Registrierballon ist seitdem das macht=
vollste Werkzeug in der Hand der dynamischen Meteorologie und hat uns
umstürzende Resultate aus den eisigen Regionen bis zu 20 km Höhe ge=
bracht, die von den kühnen Hochfahrten der Berliner Luftschiffer Berson
und Süring, soweit sie sich bis über 10 km in diesen Regionen im Ballon
erhoben, bestätigt wurden.

Seit November 1900 finden jeden ersten Donnerstag im Monat in
Paris, Straßburg, München, Berlin, Wien, St. Petersburg, Moskau
gleichzeitige Auffahrten statt; am 5. Mai 1902 wurde der 213. Registrier=
ballon der internationalen Kommission hochgelassen.

Welche Menge an Arbeit, aber auch welche Ergebnisse!

Bis in die jüngste Zeit nahm man mit Glaisher an, daß in nicht zu
großer Höhe jahraus, jahrein und an allen Punkten eine ziemlich gleich=
bleibende konstante Temperatur herrsche. Diese Anschauung hat sich als
völlig irrig ergeben. Der meteorologische Tod in den großen Höhen ist
nicht vorhanden. Die Beweglichkeit in bezug auf die Temperatur ist gerade
so groß bei 400 m wie bei 10000 m, und in derselben Höhe kommen
zwischen Petersburg und Paris Temperaturdifferenzen von 30 bis
40° vor.

Ferner hat die Beobachtung ergeben, daß sich die Atmosphäre nicht
kontinuierlich nach oben hin ändert, sondern daß manchmal Schichten in be=
deutenden Temperaturunterschieden vorhanden sind. Die Schichtenbildung
ist einer der wichtigsten Gegenstände der gegenwärtigen Untersuchung.

Und die Zukunft? Es ist nur ein geringer Teil der Erde, selbst Europas,
an dem jetzt systematische meteorologische Forschung stattfindet. Noch fehlt
der Norden des Erdteils, Skandinavien, und der Süden, Italien und
Spanien, aber die Anwesenheit von Vertretern dieser Länder bei unserer
Tagung läßt auf baldigen Anschluß hoffen. Ein Plan eines meteorologischen
Dampferdienstes auf dem Ozean wird uns noch beschäftigen. Dann muß
die meteorologische Forschung auf die Tropen ausgedehnt werden. Hier
läßt die Teilnahme Englands an unseren Bestrebungen hoffen, daß es
gelingen werde, Indien als Forschungsgebiet zu gewinnen. „Per aspera
ad astra", das hieße, unsere Ziele zu hoch stecken, aber per aspera ad altas
et ignotas regiones, hinauf in Regionen, die das große Geheimnis bergen,
wie das Wetter entsteht, das dürfen wir uns als Ziel setzen. —

Der Wettererforschung dienen nun außer den Registrierballons auch
noch die Drachen. Der Drachen ist uns als Kinderspielzeug ja bereits
seit langem bekannt. Auch seine Verwendung zu wissenschaftlichen Zwecken

ist nicht eben neu. Man braucht nur an die klassischen Experimente Benjamin
Franklins zu erinnern, welche zur Erforschung der Natur des Gewitters
führten. Aber noch früher hatte schon Wilson im Jahre 1749 den Drachen
zur Hebung von Thermometern benutzt. Seit den achtziger Jahren begannen Engländer und Amerikaner den Drachen von neuem zu wissenschaftlichen Zwecken heranzuziehen und zu dem Zweck zunächst einmal ganz
gehörig umzumodeln. Die bekannten Spielzeugdrachen besitzen ja eine
ganze Reihe ziemlich unangenehmer Eigenschaften. Dazu gehört beispiels-

Abb. 78. Windenhaus einer meteorologischen Station mit eingeholtem Hilfsdrachen.

weise ihre schlechte Stabilität und ihre Abhängigkeit von der Windstärke.
Bei zu schwachem Winde hält sich der Drachen schlecht in der Luft und ist
nicht imstande, die erforderlichen Höhen zu erreichen. Bei zu starkem Winde
besitzt er eine verhängnisvolle Neigung zum Kopfüberschießen. Es war
daher notwendig, Konstruktionen zu finden, die von diesen Übelständen
frei waren, die die Apparate sicher trugen und sicher auch wieder zur Erde
brachten. Dazu aber war der alte einflächige Drachen wenig geeignet.
Wer sich einmal selber Drachen gebaut hat, der weiß ja, welche Schwierigkeiten es macht, diese Dinger genügend fest und leicht zu bauen. Sind
sie leicht, so pflegt ihr Gerippe bei starkem Wind gehörig verbeult zu werden,
sind sie stark genug, so wollen sie bei leichtem Winde nicht steigen. Die
Wissenschaft setzte hier ein, und Amerikaner wie Rotch, Marvin und Har-

grabe fanden neuartige Formen. Bemerkenswerterweise hat sich auch
der amerikanische Kundschafter Cody, den wir besser unter dem Namen
Buffalo Bill kennen, auf diesem Gebiete betätigt, ebenso wie er ja auch
in allerneuester Zeit auf dem Gebiete der Lenkballons und Flugmaschinen
arbeitet. Buffalo Bill hat sogar Drachen konstruiert, die einen ausge=
wachsenen Mann mit in die Luft nahmen.

Für wissenschaftliche Zwecke kam man indes zu einer anderen Form,
die unter dem Namen des Hargraveschen Kastendrachens allgemein
bekannt geworden ist, und deren Schema Abb. 76 u. 78 geben. Das Bau=
material zu einem Hargraveschen Kastendrachen ist Leinwand, feiner Kla=
viersaitendraht und Tannenholz, das vom Tischler in die Form leichter
Stäbe von quadratischem Querschnitt gebracht wird. Aus diesen Stäben
wird zunächst ein kastenförmiges Gerüst durch Verzapfen oder Vernageln
der einzelnen, auf passende Länge geschnittenen Stäbe hergestellt. Dieses
Gerüst an sich würde zunächst noch sehr wacklig sein. Daher werden in die
einzelnen viereckigen Felder des Rahmenwerkes in der Richtung der
Diagonalen Drähte eingespannt und schließlich auch noch im ganzen Kasten
ein paar solcher Diagonaldrähte gezogen. Dadurch entsteht ein sehr starres
Gerippe, welches nun mit Stoff bespannt wird. Solche Drachen werden
in Größen von 2×2, aber auch von 3×3 m hergestellt.

Auch die Drachenschnur unterscheidet sich sehr gründlich von der bei
den Kindern gebräuchlichen. Die einfache „Strippe", der kommune Bind=
faden, würde hier nicht reichen. Er wäre zu schwer und zu wenig fest. Denn
so ein großer Kastendrachen übt einen ganz gehörigen Zug aus. Man
müßte schon eine Schnur von wenigstens Bleistiftstärke wählen, und davon
würden dann wiederum einige tausend Meter so viele Zentner wiegen,
daß der Drachen sie nicht tragen könnte. Man wählt daher einen etwa
millimeterstarken Klaviersaitendraht aus allerbestem harten Stahl. Ein
solcher Draht verlangt aber wiederum eine sehr viel subtilere Behandlung
als einfacher Bindfaden. Man kann ihn nicht nach Belieben um einen
Stab wickeln, wie das mit der Schnur geschieht. Er würde an vielen Stellen
Knicke bekommen und beim nächsten Aufstieg zerreißen. So gehört zum
wissenschaftlichen Drachen auch noch eine große und schwere Drahtwinde,
die bisweilen von Hand, aber noch besser durch eine Maschine, einen Elektro=
oder Benzinmotor bewegt wird (Abb. 79). Selbst mit solchen Vorsichts=
maßregeln kommt immer noch gelegentlich ein Drahtbruch vor. Sind doch
dem Aeronautischen Institute immerhin im Laufe der Jahre etwa 20 km
Draht infolge Bruches auf Nimmerwiedersehen davongeflogen.

Immerhin kann man nun mit den hier geschilderten Mitteln auch ein wenig mehr leisten, als mit dem altbekannten Kinderspielzeug. Wenn wir unseren einfachen Spieldrachen auf 200 m Höhe bringen, so ist das bereits eine recht tüchtige Leistung. Mit den Kastendrachen aber hat man, wobei freilich sechs Drachen hintereinander geschaltet wurden, eine Rekordhöhe von 6000 m, also das Anderthalbfache des Mont Blanc, erreicht, und bei den täglichen Drachenaufstiegen, welche das Aeronautische Institut zu Lindenberg vornimmt, werden fast stets Höhen zwischen 2000 und 3000 m

Abb. 79. Windenhaus und Winde für Drachenflieger.

durchfahren. Freilich werden auch dazu mehrere Drachen hintereinander= geschaltet. Verfolgen wir einmal einen solchen Aufstieg. Auf der Erde weht so gut wie gar kein Wind. Man hat aber einige der kleinen bunten Kinderballons steigen lassen und gesehen, daß bereits in guter Kirchturm= höhe beispielsweise ein sehr merkbarer Ostwind einsetzt. Nun ist das ganze Drachenhaus, d. h. jenes Gebäude, in welchem sich die Drachenwinde nebst motorischem Antrieb befindet, drehbar wie eine Windmühle ange= ordnet. Man dreht nun dieses Häuschen so, daß die offene Tür nach Westen zeigt. Dann wird den glatten Abhang des Hügels herunter, auf welchem das Häuschen steht, der Draht etwa 300 m von der Winde abgelassen und draußen auf freiem Felde an den Drähten, die zum Kastendrachen führen und ihm die schräge Stellung sichern, befestigt. Zwei Mann halten nun den Kastendrachen in schräger Stellung und passen gespannt auf. Plötzlich ertönt das Kommando „los" und gleichzeitig ist die Winde im Häuschen eingeschaltet worden und beginnt im selben Moment, da die beiden Leute draußen den Drachen mit einem Stoß nach oben entlassen, den Draht schnell einzuziehen. Dadurch wird aber künstlich Wind gemacht, ebenso wie wenn die Jungen mit der Drachenschnur in der Hand gegen den Wind laufen.

Abb. 80. Anbringen des anzuschaltenden Drachens am Draht.

Schnell steigt der Drachen empor, und noch nicht 100 m Draht sind eingezogen, als er bereits die windige Zone erreicht hat. Man kann jetzt die Winde still setzen und kann nach wenigen Minuten wieder anfangen, den Draht auszulassen. In kurzer Zeit sind an 2000 m Draht abgelassen und der Drachen selbst hat eine Höhe von 1000 m erreicht. Der Draht geht etwa im Winkel von 45° in die Höhe.

Man beschließt jetzt einen zweiten Drachen anzuschalten (Abb. 80). Zu dem Zweck wird an den harten Stahldraht des ersten Drachens, der ja, wie wir wissen, sehr empfindlich ist, ein ganz eigentümliches Klemmstück angesetzt. Es umschließt den Draht über ein kurzes Stück und geht dann überallhin kreisförmig zurück, so daß der Draht nirgends scharf geknickt, sondern nur leicht gebogen werden kann. An dieses Klemmstück wird ein Drahtstück von etwa 100 m Länge angesetzt, welches seinerseits den zweiten Drachen trägt. Man läßt nun den Draht ruhig weiter aus. Einstweilen hängt der zweite Drachen noch leblos nach unten. Sowie aber eine Höhe erreicht ist, in welcher der Luftzug weht, beginnt er sich in den Wind zu stellen, steigt schnell über die Hauptschnur und strebt nun seinerseits nach oben.

Weiter rollt die Schnur ab und man sieht jetzt deutlich, wie der oberste Drachen in die Wolken taucht, wie er plötzlich unsichtbar wird. Weiter läuft der Draht aus. Über 4000 m sind jetzt draußen, und auch der zweite Drachen taucht in die Wolken. Nun beschließt man, die Drachen wieder einzuholen. Langsam arbeitet die Winde rückwärts, und zunächst ist die Sache nicht sehr aufregend. Immer näher kommt der zweite Drachen der Erde, und jetzt heißt es aufpassen. Einstweilen trägt ihn ja noch der künstliche Wind, der durch das Einholen des Drahtes erzeugt wird. Aber jetzt ist das Klemmstück wieder dicht bei der Winde. Erwartungsvoll stehen die beiden Hilfsmänner auf dem Felde. Die Winde wird gestoppt und erst langsam, dann immer schneller fällt der Drachen zur Erde. Das Kunststück besteht darin, ihn richtig aufzufangen, denn fällt er hart zur Erde, so bricht allerlei entzwei. Jetzt ist es gelungen. Er ruht in sicherer Hand. Das Klemmstück wird abgekoppelt und weiter holt die Winde den Hauptdraht ein. Schon ist auch der Hauptdrachen wieder sichtbar geworden, und bald kommt er der Erde immer näher. Jetzt auch hier ein Stoppen der Winde, ein schneller Fall und der Hauptdrachen ist glücklich gelandet. Schnell wird er abgekoppelt und der Apparatenkasten aus ihm herausgenommen. Der Drachen selbst ist naß. Er hat in den schweren Regenwolken ein gehöriges Bad bekommen, während auf der Erde von Regen nichts zu merken war. Der Apparatenkasten wird geöffnet und das Papier herausgenommen. Da sieht man denn, was die Apparate aufgeschrieben haben. Man ersieht die Temperatur, die Luftfeuchtigkeit und die Windstärke in den verschiedenen Luftschichten.

Nun, so werden aber die Leser einwenden, was geschieht, wenn gar kein Wind herrscht, wenn es oben und unten windstill ist? Dann gibt es immer noch verschiedene Möglichkeiten. Man hat ja die Registrierballons, und wenn man nicht Lust hat, sie frei fliegen zu lassen, so bindet man sie ebenfalls an den Draht. Freilich muß man dann mehrere hintereinanderkoppeln, denn der Draht wiegt auch etwas, und der einzelne Ballon kann nur wenige Kilogramm tragen. Wenn man aber die nötigen Ballons koppelt, erreicht man ohne nennenswerte Mühe und Kosten Höhen von mehreren tausend Metern. Die Chronik des Observatoriums zu Lindenberg ist in dieser Beziehung recht interessant. Sie läßt erkennen, wie in den windstarken Monaten des März oder Oktober mit nur zwei Drachen und etwa 5000 m Draht über 2000 m Höhe erreicht wurden, wie man dann in den windschwächeren Monaten Mai und Juni bisweilen sechs Drachen nehmen mußte und mit derselben Drahtlänge nur 1200 m erreichte, und wie im August und gelegentlich auch im November Aufstiege von Ballons am Draht notwendig wurden.

Wiederum in anderer Weise hilft man sich, wenn Wasserflächen zur Verfügung stehen, wenn also beispielsweise ein großer See, wie der Boden= see, vorhanden ist. Dann schafft man sich den Wind künstlich, indem man

Abb. 81. Das Drachenboot „Gna" auf dem Bodensee mit Hagraveschem Kastendrachen.

die Drachen von sehr schnellaufenden Dampf= oder Motorbooten aus steigen läßt. Man bringt die bereits beschriebene Windenvorrichtung auf Deck eines solchen Bootes an und hat nun die Möglichkeit, Drachen auch bei absolut windstillem Wetter in die Höhe zu bringen. Bedingung dafür ist freilich, daß die Drachenboote sehr schnell sind, daß sie tunlichst mehr als 10 m Sekundengeschwindigkeit haben. Ferner muß eine weite Wasser= fläche da sein. Da ein normaler Drachenaufstieg immerhin etwa $2\frac{1}{2}$ Stunden dauert, gerechnet vom Ablassen bis zum Wiederbergen des Drachens, und das Boot in der Stunde rund 36 km fährt, so braucht man eine gerade Fahrstrecke von etwa zehn deutschen Meilen. Dementsprechend wurde das erste deutsche Drachenboot, die „Gna" (Abb. 81), auf dem Bodensee stationiert. Sie wurde öfter in den Zeitungen erwähnt, weil sie mit einer Geschwin=

digkeit von über 40 km am ersten imstande ist, den Flügen des Zeppelin=Luft=
schiffes auf dem Wasser zu folgen, und daher häufig fürstliche Gäste an
Bord nahm. Ihre wissenschaftliche Aufgabe besteht jedoch darin, als Station
für Drachenaufstiege der Meteorologischen Anstalt am Bodensee zu dienen.

Wie man sieht, hat also die Wissenschaft sich das alte Kinderspielzeug
ganz gehörig zunutze gemacht und zurecht gemodelt, hat sie sich nicht ge=
scheut, Maschinenhäuser und Motorboote dafür zu erbauen, um die höheren
Luftschichten sicher und verhältnismäßig billig zu erreichen.

Die praktische Bedeutung der Luftschiffahrt.

Alle die mannigfachen Bestrebungen, die Luft zu erobern, jene erfolg=
reichen Versuche, die von den Montgolfiers bis zu Zeppelin und den Wrights
führen, gingen zunächst von rein idealen Motiven aus. Der Mensch fühlte
den unbesiegbaren Drang in sich, die niederdrückende Kraft der Schwere
zu überwinden und den Raum frei zu durchschweben. Er wollte jene Fähig=
keit, die früher nur Göttern, Heroen und Engeln zukam, wirklich selbst
besitzen, und er strebte diesem Ziele nach, unbekümmert um irgendwelche
praktischen oder sonstigen Folgen derartiger Versuche.

Sobald aber einmal ein Erfolg errungen war, kamen auch alsbald die
praktischen Gemüter zu Worte. Sobald die Montgolfiers die ersten erfolg=
reichen Flüge absolviert hatten, begann man von einer Verkehrsrevolution
zu träumen. Damals gab es ja noch keine Eisenbahnen. Man war auf die
Postkutsche angewiesen, und niemand konnte im Ernst behaupten, daß
dieser alte Marterkasten ein angenehmes Verkehrsmittel sei. Wie schön
mußte es sich dagegen mit der Montgolfiere durch die Lüfte fahren lassen.
Keine stoßenden Wagenfedern, keine holprigen Wege, keine betrunkenen
Postillone, sondern eine schöne freie Ätherfahrt.

Man weiß, wie diese Erwartungen getäuscht wurden, wie die Luft=
ballons in den Hintergrund traten und ein Jahrhundert der Eisenbahnen
folgte. Aber dann kam wieder der Aufschwung der Luftschiffahrt. Auf
die Eisenbahnen folgten die Automobile und auf die Automobile, die den

Abb. 83. Vorbereitungen zum Wettfliegen. Die Ballons bei der Füllung.

leichten Motor brachten, folgten die Lenkballons und die Motordrachen. Heute haben wir verschiedene Mittel, die Luft zu durchfahren, Mittel, die sicherlich noch einer weitgehenden technischen Vervollkommnung harren, die aber doch auch heute schon recht brauchbar sind und nun das Interesse der Praktiker hervorrufen.

Der Mann, der im Rufe steht, am allerpraktischsten auf der Welt zu sein, der smarte Yankee, fragt bei jedem Ding zunächst einmal: „What is it

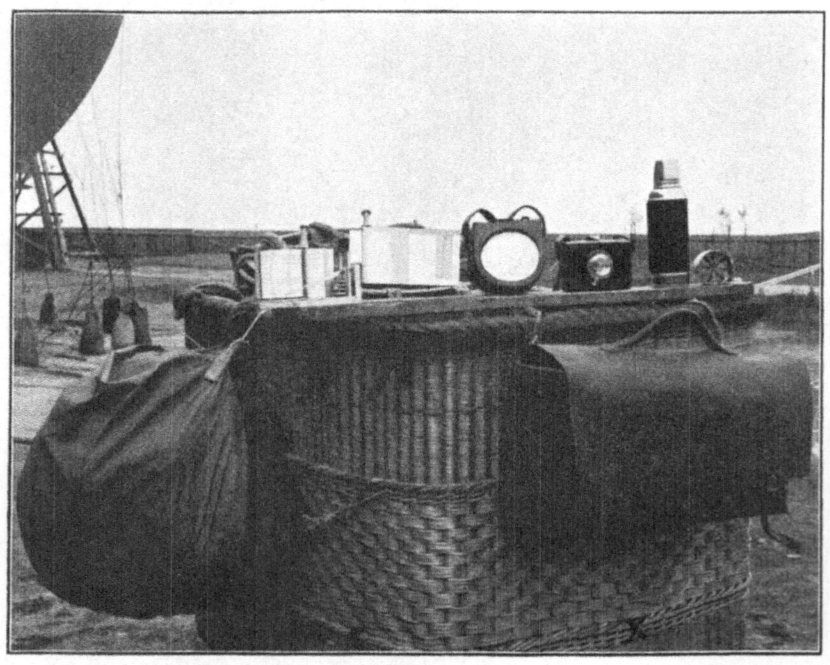

Abb. 84. Freiballonkorb mit aufgewickeltem Schlepptau und Instrumenten (Ausrüstung für Nacht= fahrten: Barograph, Barometer, elektrische Dauerlampe, Thermosflasche, Windrädchen, Stab mit Flaumfeder, Tasche für Karten, Kursbuch, Lebensmittel usw.). (*)

good for?", d. h.: Zu was ist es brauchbar? So wollen wir auch einmal amerikanisch die Frage stellen: „Wozu ist die Luftschiffahrt gut?" Die Antwort darauf läßt sich nicht in einem Worte geben. Wir müssen zunächst unterscheiden, was Nützliches die Luftschiffahrt bis jetzt geleistet hat, und was wir in der Zukunft von ihr erwarten können.

Für die Leistungen der Gegenwart und Vergangenheit kommt zunächst nur der freie Kugelballon in Frage. Ihm verdanken wir nach drei Rich= tungen hin Erfrießliches. Wir verwenden ihn für Sportsfahrten, für

Abb. 85. Vor dem Gordon-Bennett-Fliegen auf dem Startplatz in Schmargendorf bei Berlin.

wissenschaftliche Fahrten und für Kriegszwecke. Die Sports= oder Ver=
gnügungsfahrt verfolgt lediglich den Zweck, dem Luftreisenden Er=
frischung und Erfreuung zu gewähren. Wissenschaftliche Ablesungen werden
dabei lediglich so weit gemacht, als es für die Ballonführung notwendig
ist. Hier steht also der Ballon in gleicher Linie mit den Schlittschuhen,
dem Tennisschläger, dem Reitpferd, dem Segelboot usw.

Abb. 86. Fertigmachen des Ballons. (*)

Man wird einwenden, daß dieses Vergnügen doch erstens außergewöhn=
lich halsbrecherisch und ferner enorm teuer sei. Beide Annahmen sind irrig.
Eine Ballonfahrt ist auch nicht annähernd so gefährlich wie eine Automobil=
fahrt oder gar die Erklimmung eines Gipfels in den Hochalpen. Bei der
heutigen Durchbildung aller technischen Hilfsmittel, unter denen die Reiß=
leine eine besondere Rolle spielt, gehören Unfälle bei Ballonfahrten zu den
allergrößten Seltenheiten, und wenn sie doch einmal vorkommen, so sind
es nicht die schweren, meist tödlich verlaufenden Schädelbrüche, die man
beispielsweise so häufig bei Automobilunfällen konstatieren kann, sondern
harmlose Verrenkungen und im allerschlimmsten Falle einmal ein Arm=

Abb. 87. Pilotballon (im Vordergrunde). Unbemannter kleiner Ballon, der zur Feststellung der herrschenden Windrichtung in den oberen Luftschichten aufgelassen wird. (Vgl. S. 13.)

und Beinbruch. Aber das sind, wie gesagt, Ausnahmen. Normalerweise verläuft eine Ballonfahrt glatt wie eine Eisenbahnfahrt.

Auch der hohe Preis ist der Ballonfahrt zu Unrecht nachgesagt worden. Der Beitrag für einen Fahrtteilnehmer pflegt zwischen 75 und 100 Mark zu schwanken, wofür je nach den Umständen eine 12- bis 36stündige Fahrt zu haben ist. Diese Summe ist jedenfalls nicht übertrieben hoch. Dafür aber bietet eine Ballonfahrt Genüsse und Nervenauffrischungen, wie über-

Abb. 88.   Klar zur Abfahrt.

haupt kein anderer Sport. Der Flug im freien Luftmeer über eine ständig wechselnde Landschaft vereinigt alle Annehmlichkeiten etwa des Alpen- und des Segelsportes mit denjenigen des Touristentums, ohne die Un-annehmlichkeiten dieser anderen Sportsarten aufzuweisen. Immer mehr wendet man sich daher dieser Art der Erholung zu, und die Zahl derjenigen, die für ihre Ferienzeit auch eine oder mehrere Ballonreisen vorsehen, wächst von Jahr zu Jahr.

An zweiter Stelle mag die Verwendung des Kugelballons für wissen-schaftliche Zwecke erwähnt werden. Der Freiballon ist einmal ein wert-volles Mittel geworden, um den Zustand unserer Atmosphäre zu erforschen und die Witterungskunde ganz erheblich zu fördern. Durch zielbewußte, gleichzeitig an verschiedenen Stellen Europas unternommene Aufstiege ist man heute über die Vorgänge auch in den höheren Luftschichten ziemlich gut orientiert, und nicht zum mindesten die Wetterprognose, die Kunst der Wettervorhersagung, hat dadurch bedeutend gewonnen. Wir können heute das kommende Wetter doch auf 48 Stunden hin ziemlich genau voraussagen.

Einen besonderen Zweig der wissenschaftlichen Luftschiffahrt bildet die

Abb. 89. Nach der Abfahrt. Die grüßende Menschenmenge vom Ballon gesehen (*).

Ballonphotographie. Die Aufnahme der überflogenen Landschaften mußte ja die Luftreisenden natürlich besonders anlocken. Wer seinen Photographenapparat schon auf festem Lande handhabte, der wollte ihn selbstverständlich auch während der Ballonfahrt nicht zuhause lassen. So begann das Knipsen auch in der Luft.

Aber sehr bald zeigte sich, daß die gewöhnlichen Apparate doch nicht so ohne weiteres im Luftschiff zu verwenden sind. Man mußte unterscheiden, ob man künstlerische Aufnahmen haben wollte oder reine Meßbilder, die lebhaft an eine Landkarte erinnern und auch vielfach zu kartographischen Zwecken benutzt wurden. Für den ersteren Fall waren ganz bestimmte

Anordnungen, die sogenannten Telephote oder Fernapparate, notwendig. Mußte man doch mit Aufnahmen aus Entfernungen von mehreren 100, ja 1000 m rechnen, Entfernungen, auf die hin, wie man wohl weiß, die gewöhnlichen Apparate nicht zu brauchen sind, weil sie allzu stark verkleinern. Mit diesen Fernapparaten aber nun, den Telephoten, sind sehr gute, künstlerisch wirkende Aufnahmen gemacht worden, von denen unsere

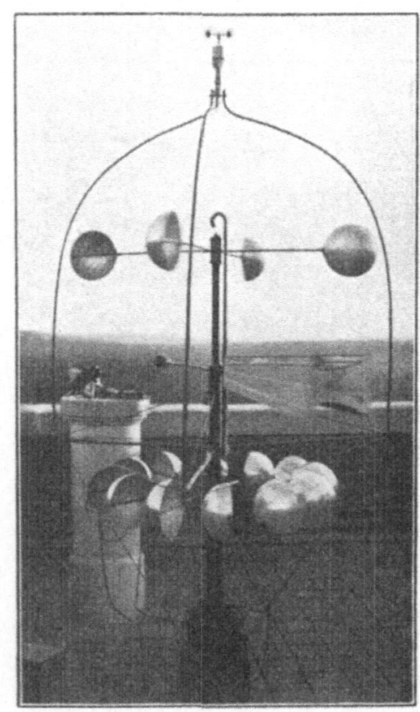

Abb. 90. Anemometer (Windmesser) zur Messung der Stärke (Geschwindigkeit) des Windes.

zahlreichen Abbildungen wohl eine Vorstellung geben können. Nicht nur die Gegenstände der Erde, sondern auch die der Atmosphäre selbst, ihre Wolkenbildungen und Eigenheiten, hat man photographiert und dabei eine Menge recht interessanter Dinge feststellen können.

Da ist z. B. ein in große Höhen reichender Einfluß der Ströme. Man kann ja vom festen Lande her schon häufig die Beobachtung machen, daß Gewitter an einem Stromlauf stehen bleiben. Der Volksmund sagt: Der Fluß läßt das Gewitter nicht herüber. Der Ballonfahrer, der einen Flußlauf kreuzen will, macht ähnliche Erfahrungen. Er mag mit einem mäßigen Winde rechtwinklig gegen den Flußlauf antreiben. Sobald er aber bis zum Ufer gekommen ist, pflegt der Ballon nach rechts oder links abzuschwenken und oft mehrere

Meilen weit am Flusse entlang zu treiben, bevor er endlich an einer Stelle passiert und dann sofort vom Flusse weiter abtreibt. Es scheint fast, als ob den Wasserflüssen entsprechende Luftströmungen überlagern. Und tatsächlich läßt sich auch auf Photographien, die dichte Wolkendecken über Flußläufen darstellen, deutlich erkennen, wie die Flüsse in die Wolkendecke gewissermaßen eingeschnitten sind. Es würde zu weit führen, hier auf die Einzelheiten der Ballonphotographie einzugehen. Es mag der kurze Hinweis genügen, daß sie in künstlerischer Beziehung, für die meteorologische Wissenschaft, die Kartographie und schließlich auch für Kriegszwecke, für die photographische Festlegung feindlicher Stellungen und Befestigungen, viel Wertvolles bietet.

Endlich ist der Nutzen des Freiballons für Kriegszwecke, speziell für die Aufklärung, für die Erkundung feindlicher Stellungen zu erwähnen. Bereits ganz kurze Zeit nach der Erfindung der ersten Ballons, im August

Abb. 91. Donau und Reichsbrücke. Höhe ca. 400 m.
Aus: Silberer, 4000 km im Ballon (Leipzig, Otto Spamer).

des Jahres 1783, machte der Franzose Giroud de Villette darauf aufmerksam, daß die neue Erfindung für die Kriegführung ein wertvolles Hilfsmittel werden müsse. Die Revolutionskriege sahen bereits Fesselballons bei den französischen Armeen, die freilich nur kurze Zeit aktiv waren, da sie unter mancherlei Mißgeschick zu leiden hatten. Immerhin muten uns die Luftschifferkompagnien der Revolutionsarmeen beinahe modern an. Sind sie doch sehr viel später erst wieder aufgelebt. Denn der große Napoleon hatte für das Luftschiff wenig übrig. Er löste 1799 die französischen Abteilungen auf, und man kann wohl sagen, daß der Ballon bis zum Jahre 1870 in der Kriegführung kaum noch eine Rolle gespielt hat.

1870 brauchten ihn die Franzosen, um Personen und Depeschen aus den belagerten Plätzen herauszuschaffen. Das waren natürlich Freiballons, und den Deutschen waren sie ein besonderer Dorn im Auge. Manche Ballonjagd hat damals stattgefunden, aber manche Erfolge wurden doch erreicht. Im ganzen verließen 66 bemannte Ballons mit 66 Luftschiffern, 102 Passagieren, 409 Brieftauben und 9000 kg Briefen und Depeschen, sowie sechs Hunden Paris. Fünf der Hunde sollten nach der Landung mit Depeschen in die Hauptstadt zurückkehren, man hat aber nie wieder etwas von ihnen gehört. Von den Brieftauben kehrten nur 57 mit 100 000 Einzeldepeschen zurück. Von den Ballons haben 59 ihren Auftrag richtig erfüllt, fünf mit 16 Insassen, von denen vier entkamen, fielen in die Hände des Feindes, zwei Ballons sind mit ihren Führern verschollen und wahrscheinlich ins Meer gefallen.

Auch die Deutschen arbeiteten mit Ballons, aber es waren ausschließlich Fesselballons, aus denen sie die feindlichen Stellungen, namentlich in belagerten Festungen, beobachteten und unter Umständen das Artilleriefeuer korrigierten.

In neuerer Zeit spielt die Luftschiffahrt in den Heeren aller Staaten eine bedeutende Rolle, und wir finden überall Ballonabteilungen, die das nötige Material besitzen und beherrschen, um sowohl Freifahrten auszuführen, als auch im Felde Fesselballons aufzulassen und feindliche Stellungen zu erkunden. Diese kriegsmäßige Benutzung der Ballons wird bereits im Frieden geübt. Beispielsweise pflegt bei den deutschen Kaisermanövern jede Partei einen Fesselballon zu haben, während ein dritter Ballon dem Unparteiischen zur Verfügung steht. In jedem Falle, das müssen wir wohl im Auge behalten, dient der unlenkbare Ballon nur für Aufklärungszwecke oder aber, wie im belagerten Paris, für Transportzwecke, nicht aber für Angriffszwecke. Eine Offensivkraft besitzen Kugel- und Drachenballons nicht.

Nun kam ein neuer Schritt in der Entwicklung der Luftballons, es kam das lenkbare Luftschiff. Es entstanden die in früheren Abschnitten besprochenen Konstruktionen von Santos Dumont bis zu Zeppelin. Sofort taucht die Frage auf: was werden diese leisten? Zunächst für die Zwecke des Krieges. Hier erwartet man zweierlei von ihnen: Aufklärungsdienst, dar-

Abb. 92. Blick durch die Wolken auf die Erde. Höhe 2400 m.
Aus: Silberer, 4000 km im Ballon (Leipzig, Otto Spamer).

über hinaus aber auch Offensive, Angriff auf den Gegner. Daß die Lenk=
baren bezüglich der Aufklärung noch unendlich viel mehr leisten werden als
Frei= und Fesselballons, das ist wohl außer allem Zweifel. Daneben aber
muß auch ihre Fähigkeit, den Gegner direkt anzugreifen, behandelt werden.

Noch im Jahre 1900 wurde auf der Haager Friedenskonferenz be=
schlossen, daß das Herabwerfen von Sprengstoffen aus dem Ballon ver=
boten sein solle. Aber bereits im Jahre 1906 hielt der französische Ballon=
ingenieur Julliot eine Rede im englischen Aeroklub, in welcher er über

Abb. 93.　Der Drachenballon von August Riedinger in Augsburg.

die Übungen des französischen Lenkballons „Patrie" im Abwerfen von
Sprengmassen nach bestimmten Zielen berichtete. Der Franzose war da=
mals von einer erstaunlichen Offenherzigkeit. Er stellte es geradezu als
eine Aufgabe der Lenkballons in kommenden Kriegen hin, sich an den
Gegner heranzupirschen und die höheren Offiziere von oben her meuchlerisch
abzuschießen. Dadurch würde man dann die Armee selbst jeder Führung
berauben und könnte sie auf der Erde mit leichter Mühe schlagen. Die Rede
Julliots hat damals einigermaßen Aufsehen erregt. In Wirklichkeit ist es
nicht so ganz einfach, vom Luftschiff herunter anzugreifen. Über die Rolle
des Luftschiffes als Waffe sind von Fachleuten, nämlich von dem General=
leutnant Rohne und von v. Görbitz, in letzter Zeit ganz bemerkenswerte
Mitteilungen gemacht worden, denen im weiteren gefolgt werden mag.

Als Waffe gegen die auf der Erde befindlichen Truppen kann das Luft=
schiff verwendet werden, indem man Sprenggeschosse aus ihm abwirft,
die bei ihrem Auftreffen auf die Erde zur Detonation gelangen. So ein=
fach das Verfahren klingt, so schwierig gestaltet es sich in der Praxis. Als
zugunsten des Luftschiffes erledigt kann zunächst die Frage gelten, ob es
möglich ist, überhaupt eine genügende Menge von Sprenggeschossen mit=
zunehmen. Rechnet man rund ein Zehntel der Tragfähigkeit des Luftschiffes

als verfügbar für Spreng=
geschosse, so kommen immerhin
schon ganz ansehnliche Zahlen
heraus.

Generalleutnant Rohne rech=
net damit, daß der 13 000 cbm
große „Zeppelin I" 2000 kg an
Sprenggeschossen tragen kann,
das wären etwa 50 Granaten der
schweren Feldhaubitze. Natür=
lich tritt erschwerend hinzu, daß
ein Munitionsersatz ausgeschlos=
sen ist; vielmehr muß das Luft=
schiff nach Verbrauch seiner
Munition an irgendeinen De=
potort zurückfahren, um neu zu
laden. Bei dem weiten Wir=

Abb. 94.   Ehrhardtsches Luftkreuzer=Panzerautomobil
mit 5 cm=Schnellfeuergeschütz.

kungsbereich großer Luftschiffe kann man aber ruhig damit rechnen, falls
man die Sicherheit hat, in jedem Depotort auch geeignete Geschosse
vorzufinden.

Die Treffähigkeit vom Luftschiff herab hängt ab von der Abtrift des
fallenden Geschosses durch den Wind, ferner von der Fluggeschwindigkeit
des Luftschiffes selbst, die natürlich dem Geschosse mit auf den Weg gegeben
wird, und endlich von der Flughöhe des Luftschiffes. Je höher das Luft=
schiff fliegt, um so mehr werden die eine Abweichung hervorrufenden Ein=
wirkungen zur Geltung kommen.

Die Eigengeschwindigkeit des Fahrzeuges spielt für die Fallrichtung
des Geschosses eine große Rolle, und Fehler hierin müssen die Treffähigkeit
sehr wesentlich beeinflussen, sehr viel mehr, als kleinere Fehler in der Er=
mittlung der Höhenlage. Was letztere anbetrifft, so ist zu bedenken, daß
der Luftschiffer aus dem Barometer lediglich die absolute Höhe ermittelt,

während doch zu berücksichtigen bleibt, daß die Erde sehr erhebliche Verschiedenheiten in der Höhenlage ihrer Oberfläche aufweist, und daß diese für den Fall des Geschosses mit in Betracht zu ziehen sind.

Man hat daran gedacht, zum Zeitpunkt des Abwurfes die Eigengeschwindigkeit des Luftschiffes auszuschalten. Man kann dies in der Weise tun, daß man das Luftschiff gegen die Windrichtung stellt und den Motor nur so stark laufen läßt, daß gerade die Windgeschwindigkeit erreicht, d. h. in Beziehung auf die Erde aufgehoben wird. Das Luftschiff steht aber auch in diesem Falle der Erde gegenüber nicht absolut still, es macht vielmehr dauernd stampfende, schlingernde Bewegungen, ähnlich wie ein Schiff bei bewegtem Meer. Es ist auch schwer, das Luftschiff genau

Abb. 95. Klar zur Abfahrt.

an der gewollten Stelle zu halten, kleine Bewegungen werden dauernd eintreten. Also ganz einfach ist die Ausführung auch dieses Manövers nicht. Schlingerbewegungen treten übrigens auch während der Fahrt des Luftschiffes ein, und deshalb ist es zweifelhaft, ob es zweckmäßig ist, zum Abwerfen ein Lancierrohr anzuwenden, da dessen äußerstes Ende natürlich die Schlingerbewegungen in erhöhtem Maße mitmacht und die Anfangsbewegung des Geschosses leicht in nicht gewünschter Weise beeinflußt.

Dem Geschoß eine nach abwärts gerichtete Anfangsgeschwindigkeit von vornherein zu erteilen, wird bei Sprenggeschossen aus flugtechnischen Rücksichten kaum ausführbar sein. Man muß also lediglich mit derjenigen Energie rechnen, die das Geschoß im Laufe des Falles durch seine eigene Schwere erreicht. Diese ist nicht allzu erheblich, so daß man zum Durchschlagen von Deckungen oder dergleichen schon Sprenggeschosse von ziemlich großem Gewicht anwenden muß, um eine genügende Auftreffwucht zu erreichen. Stärkere Eindeckungen wird man überhaupt nicht zu durchschlagen vermögen.

Generalleutnant Rohne rechnet, daß Geschosse vom Gewicht der schweren Feldhaubitzgranaten bei einer Fallhöhe von 1000 m nur eine Wucht erreichen, die der der Feldgranate auf 2000 m Schußentfernung entspricht. Das ist natürlich außerordentlich wenig und deutet darauf hin, daß man möglichst schwere Geschosse wählen muß, deren Auftreffenergie einerseits größer ist und die andererseits durch die größere Kraft ihrer Sprengladung intensiver zu wirken vermögen. Aber auch die Größe der Sprenggeschosse hat eine Grenze in der Gefährdung des Luftschiffes durch die Detonationswelle des auftreffenden Geschosses und das darauffolgende Vakuum am Explosionsherd. Die hierdurch eintretenden stoßartigen Luft-

Abb. 96. Landung eines Freiballons. (*)
Man sieht oben links die geöffnete Reißbahn.

bewegungen werden nicht ohne Einfluß auf das Luftschiff sein, wenn aus geringer Höhe starke Sprengladungen abgeworfen werden.

Um jedoch mit einer nennenswerten Treffgenauigkeit rechnen zu können, muß das Luftschiff schon ziemlich tief herabsteigen, und trotzdem bleibt die Treffwahrscheinlichkeit gegen Panzer und Eindeckungen eine außerordentlich geringe, fast auf Zufalltreffer angewiesen. Ohne große Auftreffenergie bleibt gegen diese Ziele aber auch die Wirkung großer Sprengladungen eine nur verhältnismäßig geringe. Ist das Luftschiff mit Rücksicht auf die Waffenwirkung der Truppen gezwungen, in größere Höhen hinaufzusteigen, so wird die Treffwahrscheinlichkeit etwa gleich Null.

Ziemlich zwecklos wäre es, Sprengstoffe ohne feste Geschoßhülle herab=
zuwerfen . . .

Da die Treffwahrscheinlichkeit gegen verhältnismäßig kleine Ziele vom
Luftschiff herab, wie ohne weiteres zugestanden werden muß, nur eine
geringe ist, so wird sich das Luftschiff in erster Linie große, ausgedehnte
Ziele wählen, etwa größere Depots, Magazine und dergleichen. Größere
Kunstbauten kommen wegen der verhältnismäßig geringen Sprengwirkung
der Geschosse ernstlich nicht in Betracht. Der Schaden, der ihnen zugefügt

Abb. 97. Nach der Landung.

werden kann, würde kaum von Bedeutung sein. An Truppenzielen kommen
auch nur größere Massenansammlungen in Frage.

Es ist keineswegs unbedingt notwendig, als Luftschiffgeschosse lediglich
Granaten in den Bereich der Betrachtungen zu ziehen. Es scheint nicht
ausgeschlossen, gegen Truppenziele auch vom Schrapnell Gebrauch zu
machen, für dessen Brennzünder man ja nach der Abwurfhöhe des Luft=
schiffes eine Tabelle berechnen kann. Reine Brandgeschosse zu werfen oder
gar an Drähten herabzulassen, wie es auch bereits vorgeschlagen wurde,
dürfte sich dagegen kaum lohnen.

v. Görbitz faßt das Ergebnis seiner Betrachtungen dahin zusammen,
daß vor Überschätzung der Treffwahrscheinlichkeit von Wurfgeschossen aus
Luftschiffen gewarnt werden muß, daß nur Ziele von großer seitlicher Aus=
dehnung mit einiger Wahrscheinlichkeit getroffen werden können, daß man

Abwurfgeschosse nur auf dem Wege der Benützung eingeführter Munition suchen sollte, daß die Verwendung von Schrapnells mit Bodenkammerladung nicht ausgeschlossen ist. Besonders wertvoll wird aber stets der moralische Eindruck sein, wenn die auf der Erde befindlichen Truppen sich auch durch „Gefahren von oben“ dauernd bedroht sehen, wenngleich sie selbst mit ihren heutigen Waffen nicht wehrlos dagegen sind, sondern vielmehr das Luftschiff sich ihnen gegenüber in großer Gefahr befindet.

So weit die Meinungen der Sachverständigen, die sehr gewissenhaft nur mit dem rechnen, was heute wirklich vorhanden ist, aber nicht an die weitere Entwicklung denken, die ja mit Riesenschritten vorangeht. Es kann ja gar keinem Zweifel unterliegen, daß unsere Kriegsluftschiffe, und zwar speziell die starren Schiffe des Zeppelinschen Systems, in den nächsten Jahren gewaltige Vergrößerungen erfahren werden, Vergrößerungen, die es dann erlauben, nicht nur Sprengbomben, sondern auch mehr oder weniger starke Bordkanonen mitzunehmen. In dem Maße, in dem die Technik der Kriegsluftschiffe weitergeht, wird sich selbstverständlich auch die spezielle Waffentechnik entwickeln. Wie man heute bereits Torpedos aus besonderen Rohren lanciert, so wird man auch die Sprenggeschosse aus den Luftschiffen auf die Dauer nicht mit der Hand werfen, sondern besondere Schußrohre in den Gondeln anbringen. Das sind Konstruktionsaufgaben, die kaum Schwierigkeiten machen, wenn einmal das genügend tragfähige und zuverlässige Luftschiff zur Verfügung steht.

In zukünftigen Schlachten wird dann aber das Luftschiff nicht nur nach unten kämpfen, sondern es wird sich überdies auch noch andere Luftschiffe des Gegners vom Leibe halten müssen.

So mag denn solche Schlacht des 20. Jahrhunderts wie folgt verlaufen: Auf allen Gebieten des Heerwesens hat die Technik enorme Fortschritte gebracht. Die Millionenheere, die gegeneinander ins Feld ziehen, sind in raffiniertester Weise ausgerüstet und bewaffnet. In Frontausdehnungen von zwanzig deutschen Meilen sind die feindlichen Heere gegeneinander anmarschiert. Weit voraus eilten ihnen die leichten Aufklärungsluftschiffe des unstarren Systems. Ohne jede Bewaffnung, nur mit überstarken Motoren ausgerüstet, sind die Schiffe der nördlichen Armee, blaugefärbt wie der wolkenlose Himmel und daher kaum sichtbar, mit Kurierzuggeschwindigkeit vorgedrungen und über die Stellungen der südlichen Armee dahingejagt. Ihre Führer haben nur wenig nach unten gesehen. Sie schauten mehr nach feindlichen Luftschiffen aus. Dafür haben unaufhörlich die photographischen Apparate in den Gondeln gearbeitet. Nach 36 stündiger

Abwesenheit sind die Späherschiffe der Nordarmee zu ihrem Hauptquartier zurückgekehrt, und die photographischen Platten, die jetzt erst entwickelt werden, geben genauen Aufschluß über die Stellung des Feindes. Der Führer der Nordarmee trifft danach seine Anordnungen. Er geht so weit vor, daß sich zunächst eine Front-gegen-Frontstellung ergibt, wie wir sie bereits im Russisch-Japanischen Kriege am Shao oder bei Liaujang hatten. Die Zone zwischen den beiden Armeefronten ist völlig unpassierbar. Selbst die schwergepanzerten Automobilkanonen, auch eine Errungenschaft des 20. Jahrhunderts, jene fürchterlichen Kriegsmaschinen, denen im freien Felde nichts widerstehen kann, würden durch die Zone zwischen den beiden Armeefronten nicht hindurchkommen können. Denn die Truppen haben sich selbst bis an die Zähne verschanzt, haben Wolfsgruben und Spreng= minen in dichtem Durcheinander angelegt und das Feld, soweit sie es er= reichen konnten, mit Stacheldrahtzäunen besetzt, die jeden Sturm des Gegners abfangen würden.

In der Richtung der Front ist für beide Teile nichts zu wollen. Hier befindet sich jede Armee in unangreifbarer Stellung, hier müßte sie aber jeder Versuch, das andere Heer anzugreifen, ins Verderben stürzen. Über beiden Stellungen sieht man die Späherluftschiffe, die sich wohl auch ein= mal gelegentlich über das feindliche Heer wagen, jedesmal von einem energischen Feuer der Ballonkanonen empfangen. Indes hilft dieses Feuer nur wenig. Die Aussichten auf Treffer sind allzu gering, und wenn die Luftschiffe erst einmal direkt über dem Feinde stehen, kann dieser kaum noch schießen, weil die Kugeln auf die eigenen Truppen zurückfallen.

So ist das Geplänkel nun bereits acht Tage hin und her gegangen, und die Truppen beginnen bereits, sich in ihren Stellungen wie zu Hause zu fühlen. Da brechen eines Tages, da graue Wolken den Himmel bedecken und die blauen Fahrzeuge der Südarmee gut sichtbar sind, die riesigen starren Luftschiffe der Nordarmee herein. Sie sind aus den weit zurück= liegenden Heimquartieren gekommen und haben in ununterbrochener Fahrt 200 Meilen zurückgelegt. In der vorletzten Etappenstation der Nordarmee sind sie gelandet, haben ihre Maschinerie noch einmal überholt und in Ordnung gebracht. Dann nahmen sie kriegsmäßige Munition und sind dann mit vollarbeitenden Motoren auf die feindliche Stellung losgefahren. Plötzlich fallen sie aus großer Höhe und mit reißendem Schnellfeuer über die Späherschiffe der Südarmee her. Jetzt rächt es sich, daß der Südstaat niemals große Schlachtluftschiffe gebaut hat. Nach einer Stunde stürzt das letzte Schiff der Südarmee brennend zu Boden. Der Schaden er=

scheint zunächst nicht allzu groß. Etwa 100 Luftschiffer der Südarmee wurden getötet, weniger als sonst an Menschenleben bei einem harmlosen Scharmützel zugrunde zu gehen pflegen. Selbst der Materialverlust ist nicht so erschreckend. 25 Späherschiffe im Werte von je einer halben Million Mark, das ist weniger als der Schaden, den auch nur ein zerschossener Kreuzer der Marine bedeutet. Aber eine sehr üble Folge hat das Ereignis doch.

Der General der Südarmee besitzt jetzt keine Mittel mehr, sich über die Bewegungen der Nordarmee Aufklärung zu schaffen, während der Führer der Nordarmee soeben die letzten Photogramme über die Aufstellung der Südarmee bekommt. Und schon wird es hinter der Front der Nordarmee unheimlich lebendig. Ein großartiges Umgehungsmanöver wird dort eingeleitet. Zu Hunderten fahren die Automobilkanonen ab, um dem Gegner in die ungeschützte Flanke, ja sogar in den Rücken zu fallen. Der alte Standpunkt: tu mir nichts, und ich tu dir auch nichts, der die letzten Tage und Wochen hindurch galt, wird plötzlich verlassen.

Denn auch die Schlacht-Luftschiffe der Nordarmee schwärmen jetzt wieder über die Südarmee aus. Bewegungslos hängt dort eines der 500 m langen Ungetüme in der Luft. Plötzlich löst sich von seiner Gondel eine riesige graue Masse und stürzt nach unten. Im selben Moment auch macht das Schiff einen leichten Sprung nach oben und eilt gleichzeitig in rasender Flucht davon. Die graue Masse ist indes in die Tiefe gefallen, gerade auf das Hauptarsenal der Südarmee. Hell blitzt der Sprengstoff auf, als er im Aufschlage explodiert. Aber noch ehe der Donner dieser Explosion das fliehende Luftschiff erreicht hat, folgt eine zweite, ungleich mächtigere Feuergarbe. Bis zum Grunde spaltet sich das getroffene Arsenal und in unaufhörlicher Folge explodieren dort Pulvervorräte, Granaten und Schrapnells. Das Hauptarsenal der Südarmee hat aufgehört zu existieren. Freilich ist auch das angreifende Luftschiff durch die Explosionswelle übel gestaucht worden und kehrt flügellahm zur eigenen Armee zurück.

Auch die anderen Schiffe sind nicht müßig gewesen. Das Wohnhaus des Generals der Südarmee wurde bis auf die Fundamente zerstört, und nur einem Zufall verdankt er sein Leben. Ein Teil der Automobilkanonen wurde derart zentnerweise mit brennendem Thermit von 3000° Hitze begossen, daß die Rohre total ruiniert sind. Wohl zwei Tage lang treiben die Luftschiffe der Nordarmee es so. Insbesondere lassen sie weder Automobile noch Kavalleriepatrouillen aus der feindlichen Stellung heraus. Auch bei Nacht halten sie Weg und Steg unter dem Lichte ihrer Scheinwerfer. Wo immer sich etwas Feindliches zeigt, was aus der Hauptstellung

auf Erkundigung ausziehen will, da regnet es Explosivbomben oder bren=
nendes Thermit. Die Situation beginnt entschieden für die Südarmee
bedenklich zu werden, und schon überlegt der General, ob er nicht doch zu=
rückgehen soll. Da trifft ihn am Morgen des dritten Tages ein vernichtender
Angriff von rechts und von hinten. In zwei Tagen hat die Nordarmee
ihre alte Stellung fast völlig verlassen. Nur noch 100 000 Soldaten decken
die lange, schwerverschanzte Frontlinie der Nordarmee und beschäftigen den

Abb. 98. Sehr glatt gelandet!

Feind durch Plänkelfeuer. Das Gros der Armee, mehr als 600 000 Mann,
dazu die gesamten Automobilgeschütze, brechen jetzt in die Flanken des
Feindes ein. In wenigen Stunden ist die Schlacht entschieden. Nicht mehr
wie in früheren Jahren durch ein blutiges Morden, sondern einfach wie
ein Schachspiel durch die überlegene Stellung des Gegners.

Die Südarmee muß sich bei verhältnismäßig geringen Verlusten kriegs=
gefangen geben, um der Vernichtung zu entgehen. —

So mag sich wohl eine Schlacht der Zukunft unter der Mithilfe von Luft=
schiffen abspielen, wenn auch heute noch manches dazu fehlt. Und auch
der Verkehr wird durch die Luftschiffe in neue Bahnen geleitet werden.

Gewiß wäre es voreilig, wollten wir heute ebenso von einer radikalen Be=
seitigung der Eisenbahnen reden, wie etwa die Zeitgenossen der Gebrüder
Montgolfier seinerzeit vom Freiballon den Ersatz aller Postkutschen er=
warteten. Das Luftschiff wird kaum jemals in der Lage sein, den Riesen=
verkehr zu bewältigen, der beispielsweise täglich zwischen einer Millionen=
stadt und ihren Vororten hin und her flutet. Man müßte für die vielen
Hunderttausende, die dort alltäglich zur Arbeitsstätte und wieder zurück

Abb. 99. Glatt gelandet!

zur Wohnung fahren, eine Luftflotte bauen, für welche der Himmel nicht
mehr Raum hätte. Auch der Güterverkehr wird, solange wir es heute
überhaupt voraussehen können, an die Erde und an die Schiene gebannt
bleiben. Darüber hinaus aber eröffnen sich dem Luftverkehr wunderbare
Perspektiven.

Unser Ozeanverkehr ist heute, was Geschwindigkeit anbelangt, an der
Grenze der Wirtschaftlichkeit angekommen. Die schnellsten englischen
Riesenschiffe, die „Mauretania" und die „Lusitania", welche mit einer
Stundengeschwindigkeit von 46 km fahren, sind absolut unwirtschaftlich.
Die Cunardlinie kann sie überhaupt nur betreiben, weil die englische Re=

gierung ihr einen jährlichen Zuschuß von mehreren Millionen gibt. Unsere deutschen Schiffahrtslinien, die etwas Derartiges nicht haben und daher im Interesse ihrer Aktionäre wirtschaftlich arbeiten müssen, können sich auch den Luxus solcher Schnelldampfer nicht mehr leisten und müssen bei 40 km Stundengeschwindigkeit stehen bleiben.

Hier wird das Luftschiff ein Feld wirksamer Betätigung finden. Die Güter und alle diejenigen Personen, die nicht mit der Minute geizen müssen, werden auf behaglichen, mit mittlerer Geschwindigkeit laufenden Seeschiffen den Ozean kreuzen. Diejenigen, die schneller vorwärtskommen wollen, werden das Luftschiff nehmen. Freilich noch nicht morgen und auch noch nicht übermorgen, aber wahrscheinlich in zehn Jahren und ganz sicher in zwanzig Jahren. Betrachten wir, wie eine solche Fahrt verlaufen mag. Beispielsweise in Berlin auf dem Kreuzberge mag der Bahnhof der Luftschifflinie Berlin-Neuyork liegen. Seine 500 m langen Plattformen liegen auf einer etwa 50 m hohen Eisenkonstruktion und sind durch gewaltige Hallendächer gegen die Unbilden der Witterung geschützt. Zwischen den Bahnsteigen ziehen sich wie auf einem richtigen Eisenbahnhof Geleise hin. Aber keine Lokomotiven stehen darauf, sondern ein Riesenluftschiff erhebt sich in einer Länge von 500 m über einem langgestreckten Gondelbau, der seinerseits auf Rädern ruht, die auf den Schienen stehen.

Die Reisenden beginnen sich nun zu versammeln. Aber vor dem Betreten der Gondeln muß jeder eine automatische Wage passieren, und ebenso wird das Gepäck sorgfältig gewogen, bevor man es in den Gondeln verstaut. Jetzt haben alle Reisenden ihren Platz eingenommen, und sorgfältig beobachtet ein Beamter den Stand eines Zeigers, der den Auftrieb des Luftschiffes nach oben oder auch seinen Druck auf die Schienen genau anzeigt. Ballastsäcke werden in die Gondel gebracht, bis die Zeiger genau auf Null spielen. Das Abfahrtssignal ertönt. Rauschend drehen sich die Propeller und langsam rollt der Koloß auf den Schienen aus der Halle. Jetzt sind die Schienen zu Ende. Eine Lokomotive würde glatt 50 m in die Tiefe stürzen. Aber das Luftschiff schiebt sich in derselben Höhe freischwebend weiter fort. Jetzt verläßt auch sein hinteres Ende die Plattform. Mächtiger schlagen die Schrauben. Alle Motoren werden in Betrieb genommen, und immer höher steigt die Geschwindigkeit. Ziemlich genau in nordwestlicher Richtung nimmt das Fahrzeug seinen Kurs und eilt mit Kurierzugsgeschwindigkeit durch die Luft dahin. Noch einmal kurze Aufenthalte in Hamburg und Liverpool. Dann verschwindet das grüne Irland unter den Reisenden und über den Ozean geht der Flug westwärts. Mit

einer Schnelligkeit von rund 100 km wird gefahren. Die Navigation des
Luftschiffes liegt in den Händen eines geübten Personals. Unablässig glühen
die Generatoren, welche aus Koks und Wasser das Kraftgas herstellen,
mit dem die Motoren gespeist werden. Unablässig laufen die Motoren,
große und schwere, aber auch unbedingt betriebssichere Maschinen. Alle
Schiffe, welche die Reisenden sichten, bleiben weit zurück, denn das Luft=
schiff läuft ja mehr als doppelt so schnell, als jemals ein Schnelldampfer
gelaufen ist. Zwei Tage vergehen über dem Atlantik. An jedem Mittage
muß die Uhr um drei volle Stunden zurückgestellt werden, muß der Zeiger
von 1 Uhr nachmittags auf 10 Uhr vormittags geschoben werden. Dann
tauchen die Himmelskratzer von Neuyork auf. Langsamer wird der Flug,
und sicher schiebt sich das Luftschiff in seine Halle. Schon laufen seine
Räder wieder auf Schienen, und schon fassen Klammern um die Gondel
und verankern das Luftschiff, so daß die Passagiere es verlassen können,
ohne daß es durch die verminderte Belastung gegen die Decke geworfen
würde. Und nun treten die Reisenden hervor. Sie haben von Berlin her
60 Stunden in der angenehmsten Weise verbracht, haben in behaglichen
Räumen gewohnt und geschlafen und sind jetzt frisch und ausgeruht. Die
Seekrankheit, welche den Passagieren gerade der Schnelldampfer früher
oft so arg zusetzte, konnte sie nicht erreichen, und die Reise war schnell,
angenehm und wohlfeil. Das Seeschiff war mit dem Fünftageschiff an
der Grenze der Wirtschaftlichkeit angekommen. Das Luftschiff kann die
Reise auch in zwei Tagen wirtschaftlich zurücklegen. Gewiß wird das nicht
heute oder morgen geschehen, aber es wird, und wir werden es noch er=
leben.

Das Luftschiff ist heute aus dem Gröbsten heraus. Das Heroenzeit=
alter, da beinahe immer die erste Fahrt in Tod und Verderben endigte
und die kühnen Flieger, in wabernde Lohe gehüllt, vom Himmel zur Erde
stürzten, liegt hinter uns. Wohl brachten uns auch die letzten Jahre noch
so manche Unfälle lenkbarer Luftschiffe. Wir sahen Konstruktionen des
starren und des unstarren Systems zugrunde gehen. Aber es blieb beinahe
stets bei Materialverlusten, während Menschenleben nicht zu beklagen waren.

Seit zwei Jahren hat man sich bemüht, das Luftschiff in den Dienst
regelmäßiger Passagierfahrten zu stellen, und es sind mehrfach Luftver=
kehrsgesellschaften gegründet worden. Die Parseval=Gesellschaft hat rich=
tige programmäßige Luftreisen von den Alpen bis zur Nordsee ausgeführt.
Zeppelinschiffe sind mit regulären Restaurationsbetrieben auf die Reise
gegangen, wobei für den Luftkellner besonders leichtes Gewicht vorgeschrie=

ben war. Leider ist auf kühne Pläne des öfteren die Enttäuschung in Form
einer Havarie, ja einer Zerstörung des Luftschiffes gefolgt, und in finan=
zieller Beziehung haben alle diese Luftverkehrsgesellschaften bis heute
jedenfalls noch keine Seide gesponnen. Aber wenn sie heut auch ihrer Zeit
noch ein wenig vorauseilen, so ist doch sicher zu hoffen, daß dieser Luft=
verkehr von Jahr zu Jahr an Sicherheit gewinnen wird, daß wir im Laufe
eines Jahrzehntes einen guten Überlandverkehr haben werden.

Der Kritiker wird einwenden, daß die Eisenbahnen das besser, billiger
und schneller besorgen. Zugegeben! Aber dann kommt der Ozean. Unsere
Ozeandampfer haben mit 40 km die wirtschaftliche Grenze erreicht. Das
Luftschiff kann mit sechzig, ja mit hundert fahren. Der Versuch des Ameri=
kaners Wellmann, den Atlantik zu überqueren, in der ersten Ausführung
sicher nur ein schlecht vorbereitetes Spektakelstück, wird doch vielleicht das
Vorbild für künftige Ozeanfahrten sein, die wir alle noch erleben können.

Und dann die Flugmaschinen. Wir können ihre Entwicklungsmöglich=
keit heute noch nicht annähernd übersehen. Wir bestaunen nur Leistungen,
wie sie der Flug Paris—Madrid oder Paris—Rom bedeutet. Wir bewun=
dern die Erfolge des großen deutschen Rundfluges um den B. Z.=Preis
der Lüfte und der westeuropäischen Konkurrenz aus dem Jahre 1910. Und
wir sehen neben so vielem Glanze eine lange und schaurige Totenliste.

Aber solche Opfer werden nicht vergebens gebracht. Sie können den
Fortschritt nicht aufhalten. Wohl müssen wir jene beklagen, die den
schaurigen Höhentod starben, die in lodernde Flammen gehüllt im bren=
nenden Apparat zur Tiefe stürzten, alle die, welche ein finsteres Geschick
gerade im stolzen Herrenbewußtsein des endlich errungenen Sieges hinweg=
raffte. Aber selbst diese Blutzeugen werben der jungen Aviatik immer
neue Jünger und die Technik selbst ist emsig am Werke, die neuen Apparate
immer sicherer, immer zuverlässiger, immer ungefährlicher zu gestalten.

Hier drängt die Entwicklung wohl sicherlich zu einer Vergrößerung
der Flugmaschinen, zu Apparaten, die ein Dutzend Menschen aufnehmen
können und mehrere Motoren besitzen, so daß das Versagen eines ein=
zelnen nicht gleich zum Abstieg zwingt. Man wird zu solchen Konstruktionen
kommen, und dann wird auch der Motordrachen, wird auch die Flug=
maschine in Krieg und Frieden eine Rolle spielen, wird sie in gleicher Weise
zur Aufklärung und Attacke, wie für den Transport von Reisenden in
Frage kommen.

Wir stehen heute am Anfange einer jungen Technik, und wir sehen
Entwicklungsmöglichkeiten vor uns, noch unendlich reicher und mannig=

Abb. 100. Im „Bezold" über Franz. Buchholz (Dr. Bröckelmann phot.).

facher, als sie etwa ein Stephenson von den Eisenbahnen, ein Siemens von der Elektrotechnik erwarten konnte. Wir sehen diese mannigfachen Möglichkeiten, und wir haben die frohe Gewißheit, einen großen Teil davon mitzuerleben, in der Morgenröte einer neuen Kulturepoche zu stehen. Mehr denn je können wir heute den alten Spruch Huttens an=wenden: Es ist eine Lust zu leben.

Abb. 101. Glück ab!

Zweiter Teil

„Meine interessanteste Fahrt"

Selbstberichte
der bekanntesten deutschen Luftschiffer

Abb. 102. Geh.-Rat Prof. Dr. H. Hergesell.

Mit Graf Zeppelin im Luftschiff durch die Schweiz.

Etwa Anfang 1908 sah ich in einer englischen illustrierten Zeitschrift, wenn ich nicht irre, dem „Graphic", ein großes, die ganze Seite ausfüllendes Bild, auf dem die Gondeln des Zeppelinschen Flugschiffes dargestellt sind. Sie sind besetzt mit einer fröhlichen Reisegesellschaft, die staunend auf die Schweizer Bergriesen blickt, in deren Nähe das Schiff ruhig dahingleitet. Allerdings trug das Bild die Unterschrift: „Ein Phantasiebild aus künftiger Zeit." Der mir unbekannte Zeichner hat wohl nicht geahnt, wie nahe die Verwirklichung seiner Ideen bevorstand, die seine Hoffnungen und Phantasien weit in den Schatten stellte.

Als langjähriger Mitarbeiter und Freund des Grafen wurde mir das große Glück zuteil, die zwölfstündige Dauerfahrt durch die Schweizer Berge, also über einem Terrain, das wohl zu den schwierigsten aller bisher überfahrenen Gebiete gehört, mitzumachen. Mein Platz war in der vorderen Gondel, also dort, wo sich mit der Oberleitung alle Steuerorgane des Luftschiffs befinden, mir selbst war es vergönnt, an der Navigation des Schiffes teilzunehmen, ja, ich konnte eine Zeitlang die Höhensteuerung selbst be=

tätigen. Ich mache diese Bemerkungen nur, um darzutun, daß, wenn ich im folgenden auf gewisse technische Einzelheiten zu sprechen komme, mein Platz in dem Schiff mich wohl dazu befähigt.

Es war ein herrlicher Morgen, als wir an jenem denkwürdigen Tag in der Geschichte der Luftschiffahrt, dem 1. Juli 1908, auf einem kleinen Motor= boot, „Württemberg", meinem mir wohl bekannten Schiffchen für Drachen= aufstiege, nach der schwimmenden Reichshalle bei Manzell hinausfuhren. Dort harrte unser bereits das durch den Oberingenieur Dürr wohl ab= gewogene Luftschiff; schnell nahmen wir unsere Plätze in der vorderen Gondel an Stelle der bei der Abwägung notwendig gewesenen Ersatzleute. Dort waren wir im ganzen acht, der Graf, Oberingenieur Dürr, meine Wenigkeit, zwei Obersteuerleute, ehemalige Angehörige der Kaiserlichen Marine, und drei Maschinisten. In der hinteren Gondel befanden sich ebenfalls drei Maschinisten, im sogenannten Salon, einem zwischen beiden Gondeln befindlichen Raum, hatte auf Einladung des Grafen der bekannte Schrift= steller und Verfasser des Romans „Cavete", C. Sandt, Platz genommen. Er sollte heute selbst erproben, ob die Gebilde seiner Phantasie mit der Wirklichkeit übereinstimmten. In sieben Minuten war das Schiff aus der Halle, schwenkte backbord in voller Fahrt auf Konstanz, das wir in kaum 20 Minuten erreichten und unter dem Jubel der Bevölkerung überflogen; bald ging es in den herrlichen Untersee hinein, und unter uns lagen jene reichen Gefilde ältester Kultur, die so oft der Geschichte als Schauplatz gedient hatten.

Ist dieser Teil des Bodensees schon für den gewöhnlichen Besucher der anziehendste des ganzen schwäbischen Meeres, wahrhaft faszinierend wirkt er von dem erhabenen Standpunkt des Flugschiffes aus. Zu unserer Rechten erstreckte sich die sonnige Reichenau mit ihren reichen Dörfern und Klöstern, und vor uns lagen die grünschimmernden Uferberge des Rheins, dessen Flußlauf wir schon deutlich im Untersee durch Schaumstreifen unter= scheiden konnten, auf ihnen Schlösser und Weiler, wie Arenaberg, die Jugendstätte Napoleons III.; im Hintergrund endlich erhob sich drohend und trotzig der stolze Felsklotz des Hohentwiel, die Wohnstätte Hadwigs, der stolzen Herzogin von Schwaben, und Praxedis', der anmutigen Griechin. Der ganze Schauplatz des Scheffelschen „Ekkehard" lag zu unseren Füßen.

Schnell glitten wir jedoch dahin, nicht lange Zeit blieb zum Beobachten, mit fast 50 Stundenkilometer durchzogen wir die Gegend. Schon lag die breite Fläche des Untersees hinter uns, wir traten in das sich immer mehr verengende Rheintal, und nun begann der schwierige und interessante

Teil der Fahrt, die Navigation des Luftschiffs in engen Gebirgstälern. Hierin Erfahrung zu sammeln, war gerade eine der Hauptaufgaben unserer Reise. Wohl hätten wir leicht höher gehen können als die meisten der uns umgebenden Berge, der mitgeführte Ballast hätte bequem ein Aufsteigen bis zu 1200 m Höhe und mehr gestattet; aber gerade zu untersuchen, wie sich das Luftschiff in den engen Strombetten der Gebirgstäler, wo sich die Luftstromfäden zusammendrängen und Wirbel und Geschwindigkeiten des Windes sich bilden müssen, verhalten wird, sollte der Hauptzweck unserer weiteren Fahrt sein.

Abb. 103. Blick vom Ballon auf Konstanz und den Rhein.

Nach Passieren des romantischen Städtchens Stein am Rhein verließen wir auf kurze Zeit das Rheintal, weil wir den sogenannten Schlattenberg, den der Rhein auf der Nordseite umfließt, im Süden umfahren wollten. Hier machten wir bereits die ersten Erfahrungen von hebenden, vertikalen Luftströmen, die das Luftschiff mit Gewalt emporführen wollen und unbedingt die Fahrt verkürzen müssen, wenn dieser Hebewirkung nicht widerstanden werden kann. Ich werde auf einer anderen Stelle näher auf die Steuerung unseres Schiffes eingehen, jetzt möge nur bemerkt werden, daß es uns mit Hilfe unserer dynamischen Höhensteuer spielend gelang, trotz dieser störenden Kräfte das Schiff in der richtigen Höhe zu halten.

Weiter geht unser Flug. Kurz vor Schaffhausen erreichen wir wieder
den Rhein, und bald liegt die alte Schweizerstadt mit ihren engen Gassen
und hochgiebeligen Häusern zu unseren Füßen. Wir sehen, wie die Menschen
bei unserem Herrannahen zu laufen, sich zu sammeln beginnen, die Dächer
der Häuser werden schwarz von gestikulierenden, Tücher und Fahnen
schwingenden Leuten, Hurrarufen dringt durch das Knattern der Motoren

Abb. 104. Der Rheinfall bei Schaffhausen.

zu unseren Ohren. Wir sehen, auch unter uns fühlt die Menschheit mit
uns die Bedeutung dieser denkwürdigen Fahrt. Aber schon erfüllt ein
neues Bild unser Auge, verschlingt ein neues Getöse den Lärm der Stadt;
wir ziehen gerade über den tosenden Wasserfall von Schaffhausen dahin, der
uns dumpf donnernd seine Grüße hinaufsendet. Etwa 100 m über den
fallenden Wassermassen können wir aus dieser verhältnismäßig geringen
Höhe die großartige Erhabenheit dieses Schauspiels bewundern.

Doch noch andere Gedanken stiegen in mir auf: Der Rheinfall, ein
festes und dauerndes Hindernis der Flußschiffahrt, wird von unserem neuen
Schiff glatt überflogen; die vielen Unbequemlichkeiten der festen Erdoberfläche für den Verkehr haben für uns zu existieren aufgehört!

Wir folgen dem Rheinlauf mit seinen vielen Windungen noch weiter bis zur Einmündung der Thur, dann aber schwenken wir rechts, wir wollen in das gebirgige Terrain der Schweiz. Ein Stück geht es nach Südosten, der Thur entgegen, dann drehen wir wieder steuerbord, um nach dem romantisch gelegenen Baden im Limmattal zu gelangen. Überall fliegen wir über jubelnde Ortschaften, allenthalben sendet uns die Schweiz einen neidlosen Festgruß.

Doch das schlängelnde Fliegen in den engen Tälern wird zu langdauernd, wir sehen, wie vor uns die Eisenbahn stracks in einem Tunnel den Berg durchbricht. Was dieser Erdenwurm kann, vermögen wir auch, wenn auch in anderer Weise. Die Höhensteuer werden nach oben gerichtet, langsam und majestätisch klimmt unser Fahrzeug in schiefer Ebene den Bulacher Berg hinauf, wohlgemerkt, ohne jeden Ballastwurf. Parallel dem Tunnel überfliegen wir das Bergplateau in etwa 550 m Höhe, um uns hernach wiederum auf die Höhe des Tunnelausganges mit dem Höhensteuer herabzudrücken. Nun geht es stracks nach Baden zu, dessen Südende wir gegen 12 Uhr 12 Minuten erreichen. Durch ein kleines Seitental backbord steuernd, gelangen wir nunmehr in das Tal der Reuß, das in langer Fluchtlinie sich südwärts streckt, und das mit etwa 55 Stundenkilometer schnell durchflogen wird. Kurz nach Mittag erscheinen vor uns die blauen Flächen des Zuger- und Vierwaldstättersees, erheben sich vor uns die Bergklötze des Pilatus und des Rigi, dahinter erblicken die entzückten Augen die Schneeflächen der Riesen des Berner Oberlands. Bald sind wir über Luzern, und nun liegt der vielbuchtige See der vier Waldstätten zu unseren Füßen. Die Fahrt geht mitten auf die Seefläche den Pilatus entlang, bald sind wir über dem sogenannten Kreuz; unter uns durchfurchen die weißen Dampfer den See, bedeckt mit jubelnden und schreienden Menschen. Die Straßen, der Promenadenkai vor dem Schweizerhof, alles ist schwarz wie von wimmelnden Ameisen. Wir wenden jetzt scharf nach links auf Küßnacht zu, hier wollen wir über die Paßhöhe zum Zuger See.

Während die Fahrt bisher mit, oder wenigstens nicht gegen die allgemeine Windrichtung gegangen war, beginnt von jetzt an das Manövrieren gegen die Windrichtung, was wir sofort bemerken, als wir die Paßhöhe von Küßnacht, auch für uns eine enge Gasse, überschreiten. Bald sind wir über dem Zuger See, dessen hellblaue Wasserfarbe im Vergleich zu den dunklen Wassermassen des Vierwaldstätter Sees besonders auffällt. Wir wenden uns südwärts zur Enge von Rotenbach, wo der breite See sich auf weniger als einen Kilometer verengt. Hier können wir schon beobachten, wie wechselnd die Windstärken im Gebirge sind. In dem engen Felsenpaß drängen sich die Stromfäden des Windes derart zusammen, daß wir kaum mit einem Meter Geschwindigkeit vorwärts kommen. Wir müssen also mindestens gegen 14 m Wind in der Sekunde ankämpfen. Doch das Felsentor besitzt nur geringe Länge, bald sind wir im breiten, südlichen Teil des Sees, in flotter Fahrt geht es auf Zug zu. Wir wollen zum Züricher See hinüber. Das ist nur möglich, wenn wir den hohen Felsrücken von Horgen, durch den die Gotthardbahn im langen Tunnel nach Zürich bricht, überfliegen können. Wir müssen zu diesem Zweck auf 830 m Höhe ansteigen und noch dazu gegen einen ziemlich lebhaften Nordostwind, der, wie uns später übermittelte Messungen der Züricher Zentralstation zeigten, auf dem See mit etwa sechs Meter strömte, über den Paß aber, wie uns die eigenen Erfahrungen lehren sollten, viel stärker dahinbrauste.

Im Vertrauen auf unser wackeres Schiff wurden die Höhensteuer emporgerichtet, und sofort flogen wir in schräger Fahrtrichtung nach oben, über Baar der Paßhöhe zu. Der Paß von Horgen wird für die Luftschiffahrt durch einen hohen, tafelförmigen Berg erschwert, an dessen linker Seite ein enges Tal herabsteigt, durch das wir hindurch mußten. Hier zeigte sich die Navigation besonders interessant. In dem engen Tal drängten sich die Luftmassen zu einem neuen, stärkeren Strom zusammen, der noch dazu abwärts floß und das Aufsteigen des Luftschiffs zu hemmen suchte. Hier zeigten die Höhen= und Seitensteuer ganz ihre hervorragenden Eigen= schaften. Trotz des absteigenden Luftstroms drückten wir das in allen Fugen zitternde Luftschiff in die Höhe, uns allmählich, aber sicher der Paßhöhe nähernd. Das Vorwärtskommen war an einzelnen Punkten, wo die Tal= bildung sich stark verengte, besonders schwierig. Mitunter wurden wir tatsächlich zurückgetrieben, ein Beweis, daß wir zeitweise gegen einen Wind von mehr als 15 Metersekunden anfuhren. Dann mußten wir andere Teile des Paßüberganges durch unsere Seitensteuerung suchen, wo wir einen gewissen Windschatten vermuten konnten. Bei diesen Drehungen und Abtriften war das Tal mitunter so eng, daß wir fürchteten, das Heck unseres Schiffes berühre bei der Drehung die Talwand, bzw. die Berglehne. Aber alles gelang vortrefflich dank der wunderbaren Organe unseres Schiffes.

Um 1 Uhr 50 Minuten befanden wir uns über der Paßhöhe in 840 m Seehöhe. Mit einem Schlage tat sich ein anderes, herrliches Bild auf. Vor uns lag in seiner ganzen Längenausdehnung der Züricher See, links von uns das Züricher Becken, rechts die Rapperswiler Bucht. Im hellen Sonnenschein lagen die blühenden Gestade zu unseren Füßen, wo unsere

Abb. 105. Der Ballon über der Stadt Zürich auf der Rückfahrt nach dem Bodensee.

10*

größten Dichter Goethe und Klopstock sich begeisterten, schwarz und dunkel traten aus der blinkenden Seefläche die Inseln von Ufnau heraus, wo einst Ulrich von Hutten litt und starb.

Ebenso mühsam wie der Aufstieg war der Abstieg. Noch immer strömte die Luft mit 13—14 m gegen uns, und zwar von jetzt ab als aufsteigender Strom. Die niedergedrückten Höhensteuer zwangen unser treffliches Schiff jedoch allmählich wieder herab, und um 2 Uhr 15 Minuten schwebten wir in ruhiger Fahrt, nur etwas über 400 m hoch, die Seeachse entlang, Zürich entgegen. Eine volle Stunde hatten wir zur Überwindung des Passes gebraucht, und doch ist Horgen von Zug nur durch eine Entfernung von 15 Kilometer getrennt.

In wundervollem Aufbau an den Berglehnen, überragt von dem dunklen Rücken des Ütliberges, lag die bedeutendste Stadt der Schweiz bald zu unseren Füßen. Uns möglichst niedrig haltend, flogen wir über das Häuser= meer, das wie überall von jubelnden Menschen bedeckt war, dahin. Sofort stockte der Verkehr, in dunklen Haufen standen auf allen Straßen die Menschen mit emporgereckten Köpfen und emporgestreckten Händen. Wir erwiderten nach Möglichkeit den hellstimmigen Gruß der Stadt durch Tücherschwenken und Abwerfen von Postkarten.

Doch bald mußten wir weiter. Noch einen Blick warf ich rückwärts, und siehe, eine Erinnerung tauchte plötzlich in mir auf. Von dieser Stelle aus hatte ich schon Zürich aus dem Luftmeer erblickt, fünf Jahre vorher hatte mich eine Ballonfahrt in Gemeinschaft mit Dr. Stolberg und Dr. Klein= schmidt von Straßburg nach Zürich geführt. Der gleiche Blick, und doch wie anders heute! Damals steuerlos dahintreibend, durchfurchten wir heute stolz, als souveräne Herrscher, die Luft!

Die eigentlich beabsichtigte Fahrt nach dem Walensee und in das Rheintal mußten wir leider aufgeben, denn dort standen dunkle, mächtige Gewitter= wolken, die aufzusuchen nicht ratsam schien. Wir wandten uns deshalb nordwärts Winterthur zu, über die reizenden Waldgebirge des Thurgaus in mannigfachen Wendungen dahinfahrend, beständig gegen einen Nord= ostwind von etwa sechs Meter in der Sekunde. Die Fahrt ging die Bahn entlang, mit einem Zuge fuhren wir eine Zeitlang um die Wette, keiner überholte den anderen. Etwas vor 4 Uhr waren wir über Winterthur, nach 5 Uhr über Frauenfeld, wo wir mit den Offizieren der dortigen Artillerie= schule Grüße austauschten. Um 5 Uhr 30 Minuten erblickten wir wiederum die weite Fläche des blauen Bodensees, hell erschien in der Abendsonne die Heimstätte unseres Luftschiffes, die gewaltige Reichshalle, uns zur direkten Heimfahrt einladend. Doch die ermüdeten Männer widerstanden tapfer dem lockenden Gruß. Wir wandten den Schnabel des Schiffes ostwärts, galt es doch, unser Versprechen einzulösen, Rorschach und das Rheintal aufzusuchen. Nach 7 Uhr passierten wir die Rheinmündung, nachdem wir noch Staad und das romantisch gelegene Walzenhausen berührt hatten.

Nach so vielen Schönheiten und Naturwundern brachte die Heimfahrt doch wieder Neues, wenn nicht das Schönste: den Sonnenuntergang über dem Bodensee. Wie eine rote Feuerkugel hing der Sonnenball über der rotschimmernden Wasserschale, während wir direkt in den roten Glanz hineinfuhren. Im stillen Abendfrieden lagen die Ufer des Sees, als hell= leuchtende Sterne strahlten die Lichter der Uferstädte, über uns summten die Propeller ihr eintöniges Lied, und ruhig und stetig schoß unser schnelles Schiff der bergenden Halle zu. Um 8 Uhr 26 Minuten berührten die Gondeln die Wasserfläche, nachdem wir genau zur gleichen Zeit am Morgen die Fluten des Sees verlassen hatten. In zwölfstündiger Fahrt hatten wir Städte und Berge in mannigfacher Gestaltung und Lage überflogen, Grenzen verschiedener Staaten gekreuzt, immer Herren unseres Schiffes, immer Meister im flutenden Luftmeer, wahre Eroberer des Luftozeans.

Neben mir aber stand der Mann, der dies alles, man kann wohl sagen, gegen den Widerstand einer ganzen Welt geschaffen, in ruhiger, aber stolzer Bescheidenheit da. Ein mildes Lächeln verklärte seine ruhigen Züge, als er auf seine Arbeitsstätte, den Bodensee herabblickte. Die Abendsonne beschien das edle Antlitz und küßte es mit dem Hauche der Unsterblichkeit.

Geh. Rat Prof. Dr. H. Hergesell, Straßburg.

Eine Ballonfahrt in einem Gewitter.

Wer je die Wolkenformen des Himmels beobachtet hat, dem sind gewiß als besonders markante Erscheinungen die sogenannten Haufenwolken aufgefallen, jene gegen den umgebenden Himmel häufig äußerst scharf abgegrenzten, nach oben zu mehr oder minder halbkugelförmigen, fest aussehenden Gebilde aus meist glänzend beleuchteten Dünsten. Beim ersten Erschauen gewinnt man den Eindruck, daß die Haufen- oder Kumuluswolken in ihren Formen fest umrissen und auch stetig sind, aber bei genauer Betrachtung der besonders an Sommerabenden auftretenden Wolken, z. B. mit einem Opernglas, erkennt man, daß die blumenkohlartige Oberfläche fortdauernde Strömungen, Wirbel, Neubildungen und Veränderungen darstellt. Wie es im Innern einer derartigen Kumuluswolke, die eine Gewitterbildung im kleinen darstellt, aussieht, habe ich Gelegenheit gehabt, in sehr unbehaglicher Weise bei einer Ballonfahrt im Juni 1902 kennen zu lernen. Diese Fahrt ist zugleich die einzige gefährliche Ballonfahrt gewesen, die ich je unternommen habe, und da auch sie ein glückliches Ende erreichte, so mag meine Schilderung dazu beitragen, sich ein Urteil zu bilden, wie anscheinend schwierige Verhältnisse bei Freiballonfahrten auch unter ganz

ausnahmsweise bedenklichen Bedingungen zu einer glücklichen Landung
führen können. Die Fahrt, die zu wissenschaftlichen Zwecken mit Haupt=
mann Hildebrandt zusammen unternommen wurde, war im übrigen keines=
wegs interessant und aufregend.

An einem trüben, schwülen Sommernachmittag stiegen wir vom Übungs=
platz des Luftschifferbataillons in einem Wasserstoffballon auf. Niedrig
mit ganz schwachem Luftzug über den nördlichen Vororten Berlins dahin=
schwebend, gelangten wir bald in dunstige Wolkenmassen, die sich von allen
Seiten her uns allmählich näherten und die Umgebung in tiefe Dämmerung
hüllten. Der Wind erstarb schließlich vollkommen, und bedrückende Schwüle
umgab uns von allen Seiten. Bei Falkenberg überschritten wir die Rand=
höhen des Oderbruchs, und dicht jenseits der Stadt war der Wind so weit
abgeflaut, daß der Ballon sich allmählich auf sein Schleppseil herabsenkte,
das sich ganz langsam aufringelte. Mit Rücksicht auf das Terrain aber ver=
suchten wir durch Ballastwerfen noch einmal zu steigen, um möglichst auf
trockenem Boden unsere Landung bewerkstelligen zu können. So trieben
wir in leichtem Nebel, immer angesichts der Erde, kaum 100 m von ihrer
Oberfläche entfernt, den ausgedehnten Waldungen bei Niederfinow zu,
über deren Kiefern wir unendlich langsam dahinkrochen.

Nach einer Stunde, und nachdem sich das über uns schwebende Gewölk
der Erdoberfläche noch weiter genähert hatte, befanden wir uns über einer
Bruchwiese im Walde und beschlossen noch einmalige Ballastausgabe, um
wieder auf trockenes Terrain zu gelangen. Durch Ausschütten eines halben
Sackes erhoben wir uns allmählich vom Schlepptau und begannen unser
frugales Abendbrot in aller Ruhe zu uns zu nehmen. Plötzlich empfanden
wir aber heftige Kälte. Ein Blick auf das Barometer überzeugte uns, daß
wir 2000 m in die Höhe geschnellt waren und uns inmitten eines undurch=
sichtigen, formlosen grauen Nebels befanden, aus dem bald vereinzelte
unregelmäßige Windstöße, dann aber heftiger Regen und Hagel auf uns
einstürmten. Zugleich begann jenes unheimliche Sausen und Knirschen,
welches Wirbelbewegungen in der Luft erzeugen, und unter heftigem
Donnerrollen, das von allen Seiten her erschallte, gerieten wir in eine
Trombe, die uns ergriff und die Gondel in zuerst schwache, dann immer
stärkere Pendelbewegungen versetzte. Zugleich sanken wir plötzlich um
1000 m, wurden dann wieder in die Höhe gerissen, und dieses Spiel wieder=
holte sich eine volle halbe Stunde lang, wobei der Hagel in großen Körnern
uns von allen Seiten überschüttete, so daß der Boden des Korbes bald
mit einer fast fußhohen Schicht von Wasser und Eiskörnern bedeckt war.

Die Schwankungen und Pendelungen des Ballons in den umgebenden, stürmisch erregten Luftmassen zu beschreiben, ist kaum möglich. Der Korb pendelte so stark, daß wir uns gelegentlich in gleicher Höhe mit der Ballonhülle befanden, die knirschend und ächzend über uns schwebte, und daß gelegentlich die Taue, die Korb und Ballon verbinden, sich klingend scharf spannten oder wieder schlaff neben uns herabhingen.

Endlich war der Gasinhalt des Ballons durch den Wirbelwind so weit herausgedrückt, daß der aufsteigende Luftstrom, auf dem wir, wie die Glaskugel in einer Fontäne, geschwebt hatten, uns nicht mehr zu tragen vermochte, und ein sausender Absturz begann. Wir fielen von einer Höhe von etwa 2200 m mit einer Geschwindigkeit von etwa 10 m pro Sekunde abwärts, ein Sturz, der rund drei Minuten dauerte. Um dem ersten Anprall zu entgehen, stiegen wir aus der Gondel in den Ring und beobachteten von da aus die rapide Bewegung unseres Aneroidbarometers. 400 m über dem Erdboden begann sich der dichte Nebeldunst zu lichten; wir erblickten in einiger Entfernung in prasselndem Regenguß eine Windmühle und stürzten wenige Sekunden später durch die Kronen mächtiger Buchen hindurch in scharfem Anprall zwar nicht auf die Erdoberfläche, sondern auf die Bäume, deren knorrige Zweige sich im Netz des Ballons verfingen.

Einige Minuten der Ruhe waren das erste, was wir uns nach dieser aufregenden Zeit gönnten. Im Korbe befand sich eine unzerbrochene Flasche mit Rotwein, deren Hals wir abschlugen, um uns an ihrem Inhalt zu laben. Da wir noch etwa 15 m mit der Gondel über dem Erdboden schwebten und die Aufhängung des Ballons oder vielmehr seiner gaslosen Hülle zwischen den Zweigen der Buchen nicht übermäßig solide erschien, so war unsere Lage noch immer nicht sehr beneidenswert. Unsere erstarrten Finger konnten erst allmählich wieder ihren Dienst verrichten. Wir beschlossen, daß einer von uns sich an dem Fangseil abseilen und Hilfe bringen sollte, während der andere in der Gondel verblieb. Merkwürdigerweise war das Fangseil nicht zu finden, und erst nach einiger Zeit gelang es uns, dasselbe in der hereinbrechenden Dunkelheit zu entdecken. Es lag oberhalb von uns zwischen den Zweigen und Blättermassen der Bäume. Bei dem rapiden Fall des Ballons war also die Gondel dem schweren Schleppseil vorausgeeilt. Aus diesem wurde nun eine Schlinge gefertigt, an welcher ich mich abseilte und dann im Dauerlauf in der Richtung auf jene vorher gesichtete Windmühle zulief, um von dort Hilfe zu holen. Im Ort Niederfinow fand sich glücklicherweise alles Gewünschte in Gestalt einer Anzahl hilfsbereiter Einwohner und eines Leiterwagens, der durch den nächtlichen Wald im strömenden Regen zur Unfallstelle geschafft wurde. Mein Kamerad saß indessen in der Gondel und erwärmte sich durch kräftigen Gesang, der uns dann auch bald die richtige Stelle finden ließ.

Nach einer Stunde war das Rettungswerk beendigt; der Ballon löste sich von selbst, als Hauptmann Hildebrandt eben den Korb verlassen hatte, aus der Umarmung der Buchen und wurde mit uns verladen. Die Nacht im kleinen Wirtshaus des wenig Komfort bietenden Ortes war nicht übermäßig schön, aber das Bewußtsein, daß unsere Sachen im Ofen einer Bäckerei gut getrocknet und daß wir morgen wieder trockene Kleider haben würden, war ein erhebendes. Diese wurden uns dann auch am nächsten Tage in allerdings leider zum größten Teil verkohltem Zustand wieder ausgehändigt, so daß wir froh waren, auf dem Stettiner Bahnhof einen Wagen des Luftschifferbataillons vorzufinden, der uns verschwiegen unseren heimischen Penaten zuführte. Merkwürdig waren die Blicke, die uns, die wir mit Rücksicht auf unser Äußeres I. Klasse gefahren waren, von allen Seiten auf der Eisenbahn zuteil wurden. Wir trugen sie aber in dem Bewußtsein, eine Gefahr sicher und erfolgreich bestanden zu haben, mit stoischer Ruhe — und machten acht Tage später wieder eine gemeinsame Fahrt, die sehr viel weniger romantisch verlief.

Geh. Rat Prof. Dr. A. Miethe, Charlottenburg.

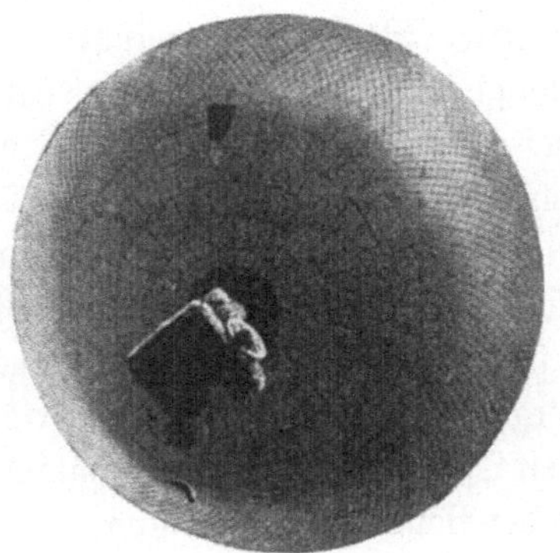

Abb. 107. Aufsteigender Ballon.
Direkt von unten aufgenommen.

Abb. 108. Dr. Kurt Wegener.   Abb. 109. Dr. Alfred Wegener.

52 Stunden Ballonfahrt.

Die in folgendem zu beschreibende Fahrt wurde im Jahre 1906 von zwei Beamten des Aeronautischen Observatoriums zu Lindenberg, den Brüdern Dr. Dr. Kurt und Alfred Wegener, ausgeführt. Der erstere war Führer des Ballons. Die lange Ausdehnung der Fahrt hatte den speziellen Zweck, für eine Erprobung der astronomischen Ortsbestimmung bei Nacht mit Hilfe von Sternhöhen, die mit dem von Herrn Marcuse vorgeschlagenen Libellenquadranten gemessen werden, Gelegenheit zu geben. An Zeitdauer ist diese Fahrt inzwischen weit überholt worden, wie auch nicht anders zu erwarten war, da sie gar nicht als Dauerfahrt ausgerüstet war.

Am 5. April morgens um 9 Uhr 10 Minuten ertönte das Kommando des die Abfahrt leitenden Offiziers des Luftschifferbataillons, wir wechselten den Abschiedsgruß, und der Ballon schwebte empor, um sogleich in flotter Fahrt nach Nordwest zu ziehen. Die Fahrt hat begonnen, unsere Richtung weist auf Jütland. Wo wird uns die Laune des Windes den Landungsplatz aussuchen?

Gleich im Anfang gibt es schwere Arbeit. Die Leinen, an denen unser Korb hängt, sind alt und mürbe, und das daranhängende Gewicht ist groß, denn wir haben etwa 38 Sack Ballast außer unseren Instrumenten mit.

Wir befestigen daher vorsichtshalber die Ballastsäcke sämtlich mit Schnüren über uns am Ringe — eine recht anstrengende Arbeit.

Über Neuruppin und Wittstock führt uns unser Kurs gradeswegs auf Wismar, und um 2 Uhr 28 Min. mittags sehen wir die Ostsee unter uns liegen, ein großer Moment. Dieses blaugrüne Meer mit seinem hellgrünen, flachen Uferwasser und seinen rötlich gelben Küstenländern ist ein farbenprächtiges Bild.

Von Fehmarn schneiden wir gerade die Westspitze ab. Noch einmal eine längere Strecke über See, und wir sind in Dänemark. Unter uns liegt Faaborg auf Fünen, ein Dampfer verläßt gerade den Hafen. Wir können die tiefe Fahrtrinne auch ohne Bojen bis weit hinaus verfolgen, denn man sieht bekanntlich vom Ballon aus tief ins Meer hinein. Es gelang uns auf diese Weise auch eine interessante photographische Aufnahme der unterseeischen Riffe zu gewinnen, welche in parallelen Wellenzügen der Küste vorgelagert sind (Abb. 110, 111).

Fünen ist groß, wir brauchen 1½ Stunden, bis wir drüben in Fredericia wieder auf See kommen. Aber es ist diesmal nur ein kurzes Stück, wir ziehen bei Traellesnaes vorbei und erreichen bald am Nordufer des Veile=Fjords die jütländische Küste. Inzwischen wird es Nacht, und der Ballon wird unruhig. Das Gas, das sich durch die Sonnenstrahlung bei Tage übermäßig erwärmt hatte, kühlt sich jetzt ab, der Ballon verliert an Auftrieb und will immerfort fallen, so daß wir fortgesetzt Ballast geben müssen. Erst gegen 9 Uhr kommt er wieder zur Vernunft.

Ein Lichtermeer unter uns zeigt an, daß wir uns über Horsens befinden. Die geradlinig aufgereihten Straßenlaternen sehen aus, als hätte die Stadt für uns illuminiert. Wir benutzen die Nacht, um eine Reihe von Ortsbestimmungen durch Sternhöhen zu gewinnen.

Die Nacht war wegen der in der Höhe größeren Ausstrahlung bitter kalt, was um so fühlbarer wurde, als wir unsere Mäntel nicht mitgenommen hatten.

Wir lösten uns jetzt ab und versuchten abwechselnd zu schlafen, doch war es nicht leicht, auf dem einen Quadratmeter, der die Grundfläche unseres Korbes bildete, eine Körperstellung herauszufinden, welche man länger als 5 Minuten einnehmen konnte. Mein Bruder wurde einmal durch ein Schütteln des Korbes aufgeweckt und fragte mich verwundert, warum ich keinen Ballast gäbe, denn er nahm an, der Ballon wäre gesunken, und das Schlepptau schleifte über die Erde und verursachte dadurch die Erschütterungen. Aber er hatte sich getäuscht, ich hatte nur einen Schüttelfrost gehabt.

Gegen Morgen zogen wir bei Mariager vorbei. Der Ballon folgte jetzt dem Laufe des Mariager Fjordes nach Osten. Das erste Morgengrau des 6. April findet uns über der eigenartig zerrissenen, mit Wasserfurchen

und =adern durchsetzten Landschaft an der Fjordmündung. Es ist ein packendes
Stimmungsbild. Wie in einem Spiegel erscheint das Bild des erblassenden
Mondes in den Fjordarmen, und unter uns kreischen die Möwen, aus ihrer
Ruhe aufgeschreckt durch das fremdartige Ungetüm über ihnen. Wir treiben
hinaus aufs Kattegatt, gerade an der Mündung des Randers=Fjordes vorbei,

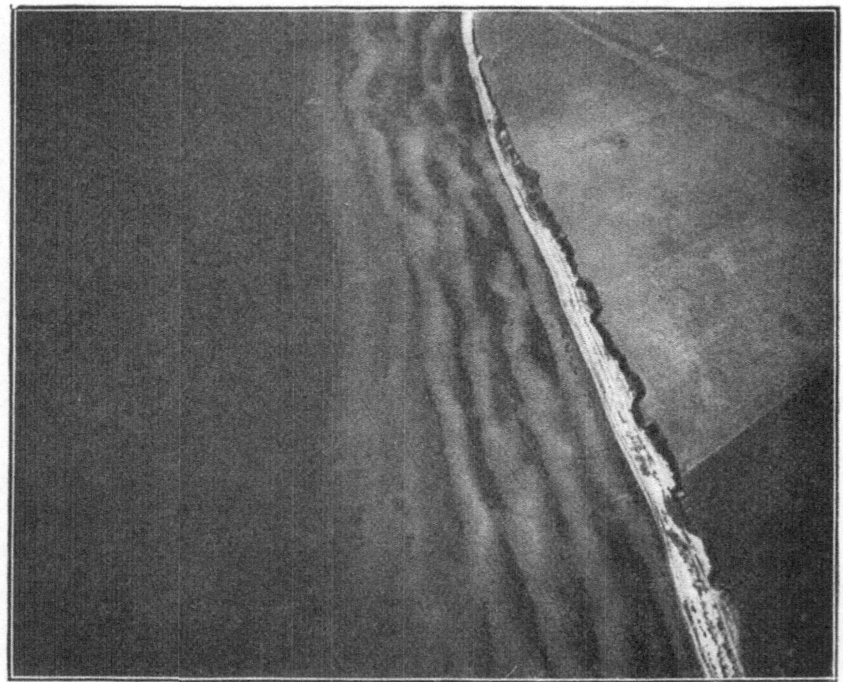

Abb. 110. Die Ostseeküste bei Fehmarn.

wo wir offenbar von einem Dampfer bemerkt werden. Die höhersteigende
Sonne fängt jetzt an zu wirken; wir geben nicht ein Sandkorn Ballast und
steigen dabei höher und höher. Bald sind wir oberhalb 2000 m, und die
ganze Küste liegt zu unseren Füßen ausgebreitet wie eine Landkarte. Lang=
sam, ganz langsam zieht der Ballon nach Süden auf Samsö zu, wo wir Ge=
legenheit haben, die eigentümliche Bauart der dänischen Bauerngehöfte zu
studieren, bei denen Wohnhaus, Scheunen und Stall in einem geschlossenen
Viereck zusammengebaut sind, das den in der Mitte liegenden Hof umgibt.

Über Samsö bekommen wir endlich eine schnellere Fahrt. Jetzt ist es
ausgemacht, daß wir in Deutschland landen, freilich, ob in Schleswig oder

in den Alpen, das wissen wir nicht. Über Fünen und an Aerö vorbei kommen wir auf die große Kieler Bucht und ziehen gerade auf Kiel zu. In geringer Höhe überfliegen wir das rote Feuerschiff „Bülk" und mehrere Dampfer, dann ziehen wir an der Kieler Föhrde entlang, in welcher aufgereiht wie ein Kinderspielzeug die deutschen Kriegsschiffe liegen. Ein Panzer dampft

Abb. 111. Die Ostseeküste bei Fehmarn.

aus dem Hafen, vor ihm läuft ein Torpedoboot, alles so klein und zierlich, als müßte es zerschellen, wenn ich meinen Bleistift herabfallen lasse.

Zum zweiten Male wird es Abend, Lichter tauchen unter uns auf, und der Ballon wiederholt sein Manöver vom vorigen Tage. Der erste Teil der Nacht bringt große Unruhe. Wir drehen immer mehr nach Westen und lassen die Lichter von Neumünster bereits fast 10 Kilometer links liegen. Wenn unser Kurs weiter dreht, so müssen wir in kurzem auf die Nordsee kommen. Also klar zur Landung! Alle Instrumente werden verpackt, Leinen gezogen, die Ballastsäcke besser verstaut, und nach einiger Zeit sind wir bereit, falls es nötig werden sollte, mitten in der Nacht zu landen. Doch schon bei Hamburg wendet sich der Ballon entschieden nach Süden. Das gewaltige Lichtermeer dieser Stadt bleibt uns noch lange Zeit sichtbar, zumal der Ballon jetzt mehrfach in größere Höhen hinaufschießt. Nach der anstrengenden Arbeit bekomme ich einen Ohnmachtsanfall, ich muß mich in den Korb legen, bin aber schon nach einer Viertelstunde wieder imstande, die Wache zu übernehmen. Wir fliegen über die sumpfige Lüneburger Heide und treffen bei Tagesanbruch auf die ersten Bergrücken des deutschen Mittelgebirges. Wieder saugt uns die Sonne höher und höher, und wir befinden uns bald in einer Höhe von 3600 m bei 16° C. Jetzt ist es mein Bruder, der einen Ohnmachtsanfall bekommt. Er muß von jetzt ab sitzen und kann nur noch kurze Zeit stehen. Wir atmen fortgesetzt trotz der geringen Höhe Sauerstoff, den wir komprimiert in einer Stahlflasche mitgenommen haben. Die Erschöpfung machte sich jetzt sehr geltend. Da wir nicht auf eine so lange Fahrt rechneten, hatten wir nur knapp Proviant für einen Tag mitgenommen, nämlich außer zwei Koteletts, eine Flasche Selters und eine Apfelsine pro Mann nur noch etwas Biskuit und Schokolade. Hiervon kamen auf den letzten Tag pro Mann drei Kognakbonbons! Wir verspürten zwar weder Hunger noch Durst, aber wir waren so entkräftet, daß wir die Hände nicht höher als bis zu den Schultern heben konnten, und fast bei jeder Bewegung traten Muskelkrämpfe ein.

Um 11½ Uhr war unser körperlicher Zustand derartig geworden, daß wir mit Rücksicht auf das noch auszuführende Landungsmanöver beschlossen, herabzugehen. Wir ziehen Ventil, der Ballon stößt Gas aus und sinkt langsam, gleichsam unwillig. Öfters macht er wieder halt und will von neuem steigen, so daß er erst durch erneutes Ventilziehen zum Fallen zu bewegen ist. Langsam rückt uns die Erde näher. In den unteren Regionen steht uns noch ein Abenteuer bevor; wir geraten in die Kumuluswolken hinein, heftig aufsteigende Luftströme reißen den Ballon hoch, im nächsten Moment bringt ihn ein absteigender Strom tiefer, immer tiefer hinab, bis der Korb auf die Erde setzt. Dann geht es wieder hoch hinauf bis 1000 m Höhe und wieder herunter. Wieder setzt der Korb mit hartem Aufprall auf die Erde, dann hebt er sich etwa 10 m hoch und steht nun still. Der Windstoß, der uns herbrachte, ist vorbei, wir sind in völliger Windstille.

Wir ziehen den Korb an den Bäumen zur Erde hinab, schleppen ihn an eine günstige Stelle und reißen die Reißbahn, ohne von einem Windhauche belästigt zu werden.

„1 Uhr 32 Minuten, Landung bei Aschaffenburg im Spessart."

Dr. Alfred Wegener, Lindenberg.

Abb. 112. Rittmeister von Frankenberg und Ludwigsdorf.

In den Alpen gestrandet!

Eine Fahrt mit dem Ballon „Cognac".

Einen guten Ratschlag möchte ich meiner Schilderung vorausfenden: Richte dir dein Leben so ein, daß du immer noch etwas Neues erschauen und durchkosten kannst, es erhält dich jung, tatkräftig und schützt vor Blasiertheit. Gegen letzteres ist die beste Arznei jede Art gesunden Sports. Wer aber sich erst einmal, wie von unsichtbaren Händen getragen, in den unendlichen Ätherraum hat entführen lassen, der ist dem dort waltenden Zauber verfallen und bleibt es, solange der Herrgott ihn die sich stets erneuernden Wunder seiner erhabenen Schöpfung genießen läßt!

Wie jedes Rennen an Pferd und Reiter wechselnde Anforderungen stellt, so hat auch jede Ballonfahrt ein anderes Gepräge, zeitigt neue Eindrücke und Erfahrungen, gleichviel ob du in strahlendem Sonnenglanze die Muttererde erschaust, über schier unermeßlichem Wolkenmeer dahingleitest, oder der Silberschein des Vollmondes in feierlicher Stille dich umfangen hält.

Überwältigend aber tritt die Erhabenheit der Schöpfung jenem vor die Augen, dem es vergönnt ist, seinen Flug über das in Schnee und Eis gehüllte Alpenmeer zu nehmen, hinabzuschauen in unergründliche Gletscherspalten,

tiefverschneite Täler und himmelanstrebende Alpenriesen weit unter sich
zu wissen.

Mein sehnlicher Wunsch, diesen hohen Flug zu wagen, ist nun in Er=
füllung gegangen, wenn auch ein unfreiwilliges Ende die Fahrt beschlossen
hat. Die schöne Erinnerung an das Erschaute bleibt bestehen, die über=
standenen Gefahren und Entbehrungen sind nunmehr nur ein prickelnder
Beigeschmack zu der verführerischen Kost, die von der Natur uns festlich
bereitet war.

Schon Anfang März 1909 waren Herr de Beauclair, der Besitzer des
„Cognac", und ich in dem reizend gelegenen Davos eingetroffen, um mit
dem 2200 Kubikmeter fassenden Ballon, der mit Leuchtgas aus der dortigen
Gasanstalt gefüllt werden sollte, eine Nachtfahrt bei Vollmond über die
Alpen zu unternehmen. Die ungünstigsten meteorologischen Verhältnisse
nötigten uns aber, auch auf Anraten der Züricher Beobachtungszentrale,
zu warten, so daß wir schließlich wegen des abnehmenden Mondes die
Nachtfahrt aufgeben mußten.

An einem sonnigen klaren Wintermorgen wurde der Aufstieg von der
1650 m hochgelegenen Davoser Eisbahn im Beisein einer großen Menschen=
menge bewerkstelligt, die zum Teil schon trotz der großen Kälte den näch=
lichen Vorbereitungen beigewohnt hatte.

Die Wartezeit war uns, dank dem freundlichen Entgegenkommen der
Kurverwaltung und mehrerer hervorragender Sportsleute auf dem Ge=
biete des Wintersports, nicht lang geworden. Welch herrliches Gefühl
beseelte uns, im schnellen Bobsleigh „Preußen" zu vieren von der Schatzalp
die neue Bahn herunterzusausen, mit den mächtigen vereisten Kurven,
oder auf Schweizer Schlitten allein den flotten Weg ins Tal zu nehmen.
Auch konnten wir die ausgezeichneten Leistungen vorzüglicher Skispringer
bewundern, die pfeilschnell aus dem Walde herabgesaust kamen, an einem
vorbereiteten Sprunghügel sich abschnellten und bei tadelloser Körper=
haltung während des Fluges tief unten im Tale landeten. Der Rekord=
sprung betrug 56 m. Wettrennen auf großen und kleinen Schlitten, Gymkahna
und sehr gute Leistungen auf der Eisbahn trugen weiter zur Unterhaltung bei.

Einmal hatten wir schon den Ballon zum Füllen ausgebreitet, als ein
plötzlicher Schneesturm den Aufstieg vereitelte. Die Hülle wurde zum
Trocknen in die Schulturnhalle gebracht, und ich höre noch den entrüsteten
Ausruf eines rotbäckigen Mädels: Der böse Ballon verdirbt uns unsere
schöne Turnstunde! Ein gutes Zeichen für den sportlichen Sinn der gesunden
Davoser Jugend. Der Anblick dieses Transportes auf Stangen durch

10 Arbeiter wirkte überaus komisch und erinnerte sehr an Schillers Gedicht: „Was rennt das Volk, was wälzt sich dort." —

Mit 48 Sack Ballast erhob sich also majestätisch der brave „Cognac" und nahm seinen Weg in nördlicher Richtung über Davosdorf und gerade über unser gastliches Flüela Sporthotel, an Klosters vorbei, wohin ebenfalls eine vielbenutzte Bobsleighbahn führt. Nur langsam erfolgte der Aufstieg zum 1000 m höher gelegenen Talrand, als wollte der treue Segler uns Muße gönnen, das prächtige Panorama, welches sich unsern Blicken bot, voll in uns aufzunehmen.

Rechts zeigte sich die Silvrettagruppe, deren Kamm mit sonnigem Licht übergossen war, während die steilen Wände dunkle Schatten warfen. Fern am Horizont trat die Ortlergruppe zwischen zackigem Gestein zu kurzer Begrüßung hervor.

Leider konnte ich während der ganzen Fahrt kein Wild zu Gesicht bekommen, das sich, wohl infolge der enormen Schneemassen, in tiefere Regionen verzogen hatte. Da Herr de Beauclair wohlgelungene photographische Aufnahmen machte, hielten wir uns anfangs ziemlich tief und überflogen das Montafoser Silbertal, Servatal und St. Anton am Arlberg. Bei St. Jakob drückte uns eine kalte Luftströmung sanft auf ein 1600 m hohes Schneefeld herunter. Nun geschah etwas, das einen überaus prächtigen Anblick gewährte. Vor uns türmte sich eine steile Felswand. Der Ballon hatte sich nach 10 Minuten durch intensive Sonnenbestrahlung wieder erwärmt und stieg ohne jede Ballastabgabe an der 800 m hohen Felswand senkrecht empor, indem die vor der Felsmasse verdichtete Luftschicht ein Anprallen verhinderte. Leuchtgas ist viel mehr den Temperaturschwankungen unterworfen als Wasserstoffgas. Das sollten wir im weiteren Verlauf der Fahrt noch sehr empfindlich wahrnehmen.

Nach Überquerung der Sechtaler Alpen berührten wir wieder ein Schneefeld. Dabei verfing sich das Ende des Schlepptaus in einer Felsspalte, so daß wir eine halbe Stunde festsaßen und die Gelegenheit benutzten, uns näher mit dem mitgeführten Proviant zu beschäftigen. Mit vereinten Kräften gelang es schließlich, das Seil loszuwinden, der „Cognac" machte einige lustige Sprünge talabwärts, bis die liebe Sonne ihn nach Abgabe einiger Sandsäcke wieder in höhere Regionen entführte. Längere Zeit standen wir dann auf 3000 m über Hirschpleiße still. Nun erfaßte ein aufstrebender Luftstrom den Ballon, und rasch stiegen wir, wieder Fahrt bekommend, auf 5000 m.

Es wäre vergebliches Mühen, den Eindruck schildern zu wollen, der sich hier dem staunenden Auge bot, beim Eintritt in eine fremde Welt, zu der wir

Menschen uns immer mehr hingezogen fühlen, je weiter wir dem irdischen Dasein entrückt sind, wo es wie ein Ahnen des Jenseits uns durchzittert!

Während solcher Betrachtungen war der Ballon weiter gestiegen. Da wir keinen Sauerstoff mitführten, wurde das Atmen schwer. Ich fand wohl heraus, daß es am zweckmäßigsten ist, ganz tief Atem zu holen, doch schließlich muß uns eine schlafähnliche Bewußtlosigkeit befallen haben. Durch sehr starke Ohrenschmerzen kamen wir wieder zu uns und bemerkten am Barograph, welcher den zurückgelegten Höhenflug aufzeichnet, daß wir 7000 m erreicht hatten, und das Barometer zeigte, wohl infolge einer starken Abkühlung, ein rapides Fallen an. So schnell es unsere Kräfte ermöglichten — in so dünnen Luftschichten verlangt jede körperliche Leistung vermehrten Krafteinsatz —, warfen wir allen Ballast aus, doch konnte dies den Absturz, glücklicherweise hart neben einer Felswand in tiefen Schnee, nicht verhindern. Über und über mit Schnee bedeckt, bemerkten wir nicht, daß einige Gegenstände aus dem Korbe geschleudert waren, doch trieb uns ein Windstoß an dieselbe Stelle zurück, so daß die im Schnee liegenden wollenen Decken wieder an Bord geborgen werden konnten. Der Talwind trieb nun den Ballon längs der Felswände des Wettersteingebirges hin, von Fels zu Fels, von Baum zu Baum, bis sich das Netz im Geäste einer Lärche endgültig verfing. Da weder Ventil noch Reißleine — infolge des Sturzes, oder der großen Kälte — funktionierten, ist diese Strandung vielleicht unsere Rettung gewesen, da wir sonst hilflos dem Winde preisgegeben waren.

Mit großer Anstrengung arbeiteten wir uns bis dicht an den Felshang heran und zogen das Schlepptau herauf, das zur Verankerung an zwei Baumstämmen, die Beauclair mittels der Spitzhacke erreichte, sehr willkommene Dienste leistete. Einen Versuch, bei gegenseitiger Anseilung einen Abstieg zu finden, mußten wir bald aufgeben und richteten den Korb so gut es ging für das Nachtlager her. Der ganze Proviant bis auf Feigen und Datteln war ungenießbar, die Flaschen waren gesprungen. Die einzige Thermosflasche war durch den Aufprall beschädigt, doch war der Tee nicht gefroren und stärkte uns während der Nacht. Eine Flasche Kognak hoben wir für alle Fälle auf, zumal der Genuß von Alkohol bei der Kälte nur schädliche Nachwirkung im Gefolge gehabt hätte. Nun ließ sich auch feststellen, daß die Strandung am Zirbelkopf 1600 m hoch erfolgt war. Allmählich tauchten die Lichter von Garmisch auf, das drei Wegstunden entfernt lag. Doch die Hilfe kam von der anderen Seite aus Mittenwald.

Ohne es zu ahnen, hatten wir 4000 m über der Zugspitze geschwebt. Der dortige Observator, dem der „Cognac" nur noch als Punkt in der Höhe

Abb. 113. Wolkengebilde in 1700 m Höhe.
Aus: Silberer, 4000 km im Ballon (Leipzig, Otto Spamer).

11*

erschien, sah den plötzlichen Absturz und meldete unsere Strandung telephonisch nach Mittenwald. Nach einer halben Stunde war bereits eine Expedition zu uns auf dem Weg. Bei tiefer Dunkelheit erreichten die wackeren Leute eine Stelle, von wo aus sie Juchzer zu uns heraufsandten, die wir natürlich freudigst erwiderten, ohne vorerst zu wissen, daß sie von der ausgesandten Hilfe ausgingen. Erst, als sich von einer Waldhütte aus stündlich die Laute wiederholten, und wir mit den elektrischen Lampen Antwort gaben, waren wir des kommenden Beistandes am anderen Morgen gewiß, ein sehr angenehmes Empfinden.

Die fast unerträgliche Kälte von 28° schützte anderseits wieder vor Lawinengefahr. Das stete Rauschen der vom Wind gefaßten Hülle ließ uns nur kurze Zeit den Ort vergessen, den uns Äolus angewiesen hatte. Nach sehr beschwerlichem Aufstieg erreichte die Expedition bei Tagesanbruch eine Plattform, woselbst ein Feuer angezündet wurde, und wohin wir ihr unsere Freude und unser Wohlergehen versichern konnten. Auf Umwegen gelangten dann von oben nach vorhergegangenem Kriegsrat drei Leute angeseilt zu uns. Nun wurde das ganze Netz und Tauwerk abgeschnitten, und mit einem Messer dem Ballon eine Wunde beigebracht, damit er seine treue Seele aushauchen konnte, was für die spätere Bergung der Hülle notwendig war. Dabei zeigte sich, daß während der Nacht die Hülle sich auf einen weiter unterhalb stehenden Baum gesenkt und dadurch den Unglücksbaum entlastet hatte. Nachdem der Korb an dem 100 m langen Schlepptau herabgelassen war, traten wir den Abstieg auf demselben Weg an, den die Leute gekommen waren, zum Feuer hin, wo längere Rast gemacht und der uns gereichte Imbiß mit gutem Appetit verzehrt wurde. Nichts eint rascher die Menschenherzen als Beistand in Gefahr.

Stets werden wir in herzlicher Dankbarkeit der braven Bayern unter Führung des Herrn Forstmeister Zechmeister gedenken, ihrer Opferwilligkeit und schneidigen Hilfe. Nach vierstündigem Marsch, zum Teil auf Schneereifen, gelangten wir nach Mittenwald, woselbst in dem gastlichen Hotel zur Traube, dessen Besitzer, Herr Terne, an der Expedition sich hervorragend beteiligt hatte, die Annehmlichkeiten der Kultur die überstandenen Strapazen bald vergessen ließen. Am folgenden Tage wurden nach angestrengter Arbeit Hülle und Korb auf Handschlitten zu Tal gebracht und gemeinsam mit meinem Bruder, der von München herbeigeeilt war, die Heimreise angetreten.

Rittmeister von Frankenberg und Ludwigsdorf,
Direktor des Deutschen Aero-Klub, Berlin.

Abb. 114.   Stabsarzt Flemming.

Durch die Mainacht in dänische Lande.

Eine Ballonfahrt in einer klaren Maiennacht ist der höchste Genuß des Luftschiffers.

Leider scheinen am verabredeten Tage die Aussichten wenig günstig. Ein mit Kumuluswolken bedeckter Himmel, leichte Regenfälle, ein böiger und auffrischender Wind hätte manchem schon beim Abwiegen des Ballons die Laune verderben können. Doch der Luftschiffer soll sich durchs Wetter niemals verblüffen lassen. Meist wird sein Vertrauen glänzend belohnt. So denken auch wir und steigen 8 Uhr abends im kleinen Ballon „Ernst" des Berliner Luftschiffervereins von Bitterfeld auf. Sehr niedrig und mit dem Korbe hin und herpendelnd schwebt der Ballon auf eine Windmühle zu, deren gefahrbringende Nähe nur durch einen halben Sack Ballast zu vermeiden ist. Jetzt steigt er auf 200 m und gleitet, in vollem Gleichgewicht mit der umgebenden Luft, mit etwa 50 Kilometer Geschwindigkeit in Nordwestrichtung rasch vorwärts. Unter uns bleibt links die Bitterfeld= Magdeburger Bahn, rechts die vielfach gewundene Mulde. Um uns ist es stockfinster. Ablesen vom Barographen und Barometer und Karten= erkennung gelingt nur mit Hilfe von elektrischen Taschenlampen. Aber

auf der Erde sind Schienenstränge, Landstraßen, Ortschaften wohl zu unter=
scheiden. Noch ist alles wach. Wir sehen Dessau hell erleuchtet. Doch all=
mählich erlöschen die Lichter. Bald liegt die Erde in tiefem Schlummer,
und feierliche Stille umgibt uns. Von Zeit zu Zeit dringt der Schlag einer
Turmuhr zu uns empor oder der schrille Pfiff eines Eisenbahnzuges. Dann
gleiten wir wieder durch langes Schweigen. Um 11¼ Uhr erscheint über

Abb. 115. Ballonaufstieg in Bitterfeld (*).

den Seen Brandenburgs der Mond. Wir sehen ihn nicht, eine mächtige
Wolke verbirgt ihn. Aber unter uns liegt ein Teil der Landschaft schon in
zaubrischem Glanz. Es schwinden die Wolken, und auch wir sind vom
hellsten Mondschein umflossen. Wir kreuzen die Bahn Berlin—Stendal,
den Rhinowkanal. Über Neustadt und Pritzwalk geht's nach Mecklenburg
hinein. Wir ziehen über Wälder und Wiesen. Wie flüssiges Silber leuchten
Seen und Bäche. Kein Rollen der Eisenbahn, kein Lärmen großer Städte.
Nur Tierstimmen lassen sich zeitweise vernehmen. Hirsche schreien, Vögel
werden aufgeschreckt. Und unausgesetzt begleitet uns Nachtigallengesang.

Gegen drei Uhr morgens sichten wir eine kleine Stadt, die mit Rücksicht auf die frühere Geschwindigkeit, mit Rücksicht auf die Lage von Eisenbahnkreuzung, See und Fluß nur Bützow an der Warne sein kann. Wir sind vollkommen orientiert. In spätestens einer Stunde muß die Ostsee erreicht sein. Landen oder Weiterfahren ist nun die Frage. Da unser kleiner Wasserstoffballon von seinen 8 Sack Ballast erst 3½ Sack verbraucht hat, da bei wolkenlosem Himmel unter dem Einfluß der Sonne größere Ballastopfer für die nächsten Stunden nicht zu erwarten und nach der Wetterlage Änderung der Windrichtung nicht wahrscheinlich ist, fällt die Entscheidung nicht schwer, und schon um 3 Uhr 50 Minuten entschwindet, 100 Meter unter uns, bei Nienhagen das Festland. In der Fahrtrichtung vor uns liegt das unendlich scheinende Meer, rechts blinkt der Leuchtturm von Warnemünde auf. Der Horizont ist dunstig umzogen. Uns entgegen kommt der Postdampfer von Gjedser, aber ringsum liegt das Meer als blaugrüne einsame Fläche. Es herrscht tiefe Stille. Als wir auf 50 Meter fallen, tönt jedoch das Rauschen zu uns empor. Es begleitet uns jetzt eine Schar Möwen.

Um 4 Uhr 20 Minuten ist das Land ganz unsern Blicken entschwunden. Im Osten hebt sich nach flammender Morgenröte die blutrote Sonnenscheibe aus dem Meere, und langsam erlöschen Mond und Sterne. Bald glänzt über uns unser Ballon goldig und prall: dann umfängt auch uns im Korbe erwärmendes und belebendes Sonnenlicht. So schweben wir lautlos, unbesorgt zwischen Himmel und Wasser dahin. Nach unserer Berechnung muß in einer Stunde die Ostsee überflogen sein. Und richtig, 4 Uhr 45 Min. kommt die Insel Falster in Sicht. Wir opfern zur Begrüßung Dänemarks die letzte Flasche, die seit einer halben Stunde unter uns am Haltetau gekühlt ist. Nach 10 Minuten erreichen wir bei Friesenfeld für einen Augenblick die dänische Küste, befinden uns aber bald wieder über See, die Ostküste von Falster links liegen lassend. Bis auf den Grund des Meeres läßt uns die Sonne jetzt sehen. Deutlich heben sich einige Steine ab. Um 6 Uhr ist wiederum Festland unter unserm Ballon: Moen mit seinen weißen Kreideklippen, noch in tiefen Schlummer gehüllt, überfliegen wir in 200 m Höhe. Eine halbe Stunde später von Land keine Spur. Aber bis auf unsere Höhe von 300 m ist deutlich das jetzt stärkere Rauschen des Meeres zu hören. Nach 7 Uhr tauchen im Nordosten die Türme und Häuser von Kopenhagen auf, 7 Uhr 35 Minuten kreuzen wir die Bahn Kopenhagen—Korsör östlich von Roeskilde. Bald erscheinen die Zinnen und Erker von Schloß Fredericksborg, der Eromsee, fern im Osten die charakteristischen Türme der Kronenburg und vor uns wieder in weiter Ferne die See.

Wir müssen landen, denn die uns von Schweden trennende weite Wasserfläche vermögen wir mit unserm Ballast nicht mehr zu überfliegen. Nur widerwillig gehorcht der in der erwärmenden Sonne aufwärtsstrebende Ballon dem mehrmaligen Ventilzug. Dann aber fällt er, und 300 m vom Kattegatt endet diese an wechselvollen Eindrücken überreiche Fahrt. —

Stabsarzt Flemming, Berlin.

Abb. 116. Major Groß.
Mit Genehmigung von E. Bieber, Hofphotograph, Berlin und Hamburg.

Meine Hochfahrt auf 8000 m am 11. Mai 1894.

Die Erforschung der freien Atmosphäre bis in Höhen, die dem Menschen auch durch Erklimmen der höchsten besteigbaren Bergriesen allenfalls noch zugänglich sind, hatten wir durch die zahlreichen Fahrten mit den Ballons „Humboldt" und „Phönix" bereits im Jahre 1893 erfolgreich durchgeführt. Es galt nun noch einen Schritt weiter zu tun und bis in Höhen vorzudringen, in denen schließlich der geringe Luftdruck, der Mangel an Sauerstoff und die riesige Kälte dem kühnen Forscher eine unüberwindliche Schranke entgegenstellen, wo das Reich des Todes beginnt.

Mein bisheriger treuer Begleiter, der Meteorologe Professor Berson, und ich bereiteten für den 11. Mai des Jahres 1894 alles für eine solche Hochfahrt vor. Se. Majestät der Kaiser, dessen Allerhöchstem Interesse dieses ganz wissenschaftliche Unternehmen zu danken war, wollte der Abfahrt des Ballons „Phönix" selbst beiwohnen.

In der Nacht wurde trotz wenig günstigen Wetters der „Phönix" auf dem Platze der damaligen Luftschiffer-Abteilung mit reinem Wasserstoffgas gefüllt und stand gemeinsam mit einem viel kleineren Militärballon um

7 Uhr morgens zum Aufstiege bereit. Sehr bald erschien Se. Majestät der Kaiser mit einem Gefolge hoher Offiziere, begrüßte uns beide, die wir bereits im Korbe des Ballons standen, sehr gnädig und wünschte uns eine glückliche Fahrt.

Um 7 Uhr 17 Minuten erhob sich der „Phönix" bei strömendem Regen und dichtbewölktem Himmel mit mächtigem Auftrieb und tauchte bald in die Wolken ein, in denen sich der Regen in Schnee verwandelt hatte. Wir hatten vorher noch die Siegessäule unter uns gesichtet und unsern Kurs als nördlich gerichtet erkannt, es war also Vorsicht der See wegen geboten.

In 2500 m Höhe, dicht von Schneewolken umhüllt, wollte der „Phönix" nicht weiter steigen; ich opferte 325 Kilogramm Ballast, um ihn nun im Steigen zu erhalten, und erreichte die erste Stufe der Hochfahrt von 4000 m Höhe. Der Schneefall hatte hier etwas nachgelassen, es fielen nur Eiskristalle bei — 12° C. Wir stärkten uns an heißem Tee und rüsteten uns zum zweiten Sprunge. Mit 300 Kilogramm Ballastabgabe trieb ich nun den Ballon auf 7000 m Höhe. Der Schneefall hatte gänzlich aufgehört, schon sahen wir zeitweise die Sonnenscheibe durch die uns immer noch umhüllende mächtige Wolkenschicht durchschimmern. Von 5000 m Höhe an, wo eine Kälte von 30° herrschte, begannen wir zeitweise Sauerstoff aus dem Apparate zu atmen, da wir unsere Kräfte nachlassen fühlten. In 7000 m Höhe wurden wir beide zusehend schwächer, unsere Lippen und Fingernägel wurden völlig blau, die Glieder zitterten krampfhaft vor Frost und Schwäche, es stellte sich auch Neigung zum Erbrechen ein. Obwohl wir merkten, daß unsere Glieder zu erfrieren drohten, zogen wir doch nicht die vor uns liegenden Pelze an, wir hatten hierzu nicht mehr die Kraft und Energie. Jetzt galt es schnell handeln; denn der Sauerstoffvorrat drohte zu Ende zu gehen. Noch einmal opferte ich zwei Säcke Ballast. Der Ballon drang siegreich durch die Wolken=schicht und übersprang das Wolkenmeer; strahlend leuchtete uns die Sonne vom reinen tiefblauen Himmel entgegen. Wir hatten 8000 m, unser gestecktes Ziel, erreicht.

Nur durch fortgesetztes Einatmen von Sauerstoff gelang es, uns aufrecht zu erhalten, zeitweise versagte uns bereits die Zunge und auch das Augen=licht. Noch eine genaue Ablesung der Instrumente sicherten wir uns, dann zog ich das Ventil. Es war 10 Uhr 40 Minuten, die Höhe betrug 8000 m, die Temperatur — 37° C. Der Abstieg war anfangs gleichmäßig bis in den Teil der Wolkenbank hinein, in der der Schneefall wieder stärker wurde. Von da ab aber nahm die Fallgeschwindigkeit des durch Schnee belasteten Ballons dauernd zu, ich vermochte sie auch durch Ballastwerfen nicht mehr

Abb. 117. Über den Wolken, in 4400 m Höhe. Aus: Silberer, 4000 km im Ballon (Leipzig, Otto Spamer).

zu mildern. Während wir im ersten Teil des Abstiegs noch sehr schwach waren, nahmen unsere Kräfte und unser Wohlbefinden schnell zu, nachdem wir 4000 m Höhe im Falle erreicht hatten. Der Ballon, dessen Gas sich immer mehr zusammenzog, wurde erschreckend schlaff, seine untere leere Hälfte flatterte und rauschte unheimlich im Luftzuge, der ausgeworfene Sand wirbelte rapide nach oben; die Situation war keine angenehme. Hierzu trat die Besorgnis, daß wir wohl über dem Meere sein konnten, bis wir zu unserer Freude in 3000 m Höhe Hundegebell und Laute der Erde zu uns herauftönen hörten.

In 2000 m Höhe erschien plötzlich unter uns die Erde, sie schien auf uns zuzurasen. Ich hatte nicht viel Zeit, einen Landungsplatz zu wählen, es gelang mir auch nicht, den Ballon noch einmal zum Abstoppen im Falle zu bringen. So fielen wir denn um 11 Uhr 23 Minuten mitten in einen Eichenwald hinein, nachdem das Schlepptau sich an dessen Baumkronen festgesetzt und uns gut entlastet hatte. Wir saßen mit dem Korbe in der Krone eines der höchsten Bäume fest, der Ballon schwebte ruhig und majestätisch über uns und schützte uns vor dem strömenden Regen.

Bald eilten Landleute herbei, von denen wir erfuhren, daß wir in der Nähe der Ostseeküste bei Stralsund uns befanden; es war also auch höchste Zeit zur Landung gewesen! Wir fanden gastliche Aufnahme auf einem nahen Gute, wo man uns frische Kleidung gab, da wir völlig durchnäßt waren. Am Abend kehrten wir frisch und wohlbehalten nach Berlin zurück.

Diese Fahrt war unter den 228 Ballonfahrten, die ich bisher ausgeführt habe, sicher die interessanteste und wird es wohl, abgesehen von den Luftreisen, die ich nunmehr im lenkbaren Luftschiffe ausführe, auch immer bleiben.

Groß, Major und Kommandeur des Luftschiffer-Bataillons.

Abb. 118. Hauptmann H. von Abercron.

Eine Alleinfahrt über die Alpen.

139 Ballonfahrten hatte ich gemacht, wohl unter den verschiedensten Umständen, aber erst eine Alleinfahrt. Der Reiz einer Solofahrt ist ungemein mannigfaltig, der Genuß wird durch nichts gestört, da man für seine Mitfahrer nicht verantwortlich ist; daraus ergibt sich eine gesteigerte Wagelust und ein Drang, etwas ganz Besonderes erleben zu wollen.

Nach einem Vortrag vor dem Augsburger Verein für Luftschiffahrt über meine Erlebnisse in Nordamerika gelegentlich der Gordon-Bennett-Wettfahrt im Jahre 1907 bot sich durch das bereitwillige Entgegenkommen der bekannten Ballonfabrik Riedinger hierzu Gelegenheit.

Der nur 340 cbm fassende Ballon „Gersthofen" wurde an der chemischen Fabrik in Gersthofen, nördlich Augsburg, mit Wasserstoff gefüllt. Bekanntlich trägt 1 cbm Wasserstoff 1,1 kg, Leuchtgas dagegen nur etwa 0,7 kg. Bei der Anfertigung des Ballons galt der Firma Riedinger eine Richtschnur: „So leicht als möglich." Während die großen Ballons aus doppeltem gummiertem Baumwollenstoff bestehen, war hier nur ein einfacher gummierter Stoff verwendet. Netz, Ring und Korb waren so leicht wie nur eben denkbar; das Schleppseil war gleichfalls leicht, aber von ausreichender

Länge. Mit neun Sack Ballast von je 20 kg wurde ich von Herrn Scherle, dem verdienstvollen Gesellschafter der Firma Riedinger, abgewogen. Mit schwachem Südwest mit etwa 10 km in der Stunde zog der „Gersthofen" langsam nach Nordosten davon.

Der Ballon ließ sich durch Ausgabe von einigen Händen voll Ballast im Gleichgewicht halten. Häufig waren vertikale Schwankungen durchzumachen, da hohe Kumuluswolken oft die Sonnenstrahlen behinderten.

Abb. 119. Brennerstraße und Eisenbahn. Silltal.
In der Mitte der Iselberg, dahinter die Stadt Innsbruck. Fernaufnahme (*).

Den Ballon über die 2500 m hohen Wolken zu bringen, schien mir nicht ratsam. Im Hinblick auf die Wolkenbildung schienen Gewitter nicht ausgeschlossen.

Die Fahrt führte zwischen Ingolstadt und München südlich Freising an der Isar vorbei, wo jetzt die Konferenz der bayerischen Bischöfe tagte. Der reißende Inn wurde bereits in einer Höhe von über 3000 m zwischen Wasserburg und Mühldorf, die Salzach nördlich Salzburg überschritten. Im Südwesten, in Richtung auf die Alpen, war bei aufsteigenden Kumuluswolken eine schwarze Gewitterwand sichtbar. Die Geschwindigkeit steigerte sich auf 40—50 km in der Stunde.

Abb. 120. Das Wolkenmeer. Höhe ca. 1400 m.
Aus: Silberer, 4000 km im Ballon (Leipzig, Otto Spamer).

Als ich mir überlegte, ob ich noch vor dem Gewitter landen oder hoch über dieses steigen sollte, kam ein eigenartig ungemütliches Erlebnis. Eine plötzlich einsetzende Gewitterbö brachte den Ballon mit Schleppseil derartig ins Schwanken daß ich mich an der Korbleine festhalten mußte. 500 m wurde der Ballon abwärts gerissen, und erst nach Ausgabe eines ganzen Sackes Ballast begann der „Gersthofen" wieder bis über 4000 m zu steigen. Die Richtung änderte sich gen Südsüdost, und nun begann bei 70—80 km Geschwindigkeit eine Fahrt, deren großzügige Eindrücke sich kaum wiedergeben lassen. Die Gletscherwelt der Salzburger Alpen, die hochaufstrebenden Gewitterwolken hinter mir, das Bewußtsein, gänzlich auf sich selbst angewiesen zu sein, wirkten derartig auf mich ein, daß ich ernst und feierlich gestimmt wurde. Erwähnen muß ich, daß mich auch nicht das allergeringste Gefühl der Angst beschlich. Charakteristisch war das donnernde Geräusch der Wasserfälle, das immer zu mir hinaufdrang.

Ein Bestreben hatt' ich andauernd: „Nur noch recht lange diesen einzigen Genuß und möglichst weit über die Alpen hinüber." Im Hochgebirge zu landen war ausgeschlossen. Ich hatte weder eine Bergsteigeausrüstung noch Proviant. Nach der Fahrtrichtung gen Nordosten bei der Abfahrt hatte ich an eine Landung im Hochgebirge nicht gedacht. Kam ich in eine Schlucht mit steilen Wänden herunter, so konnte mich niemand herausholen und ich mußte verhungern. War ich gezwungen, auf einem Gletscher die Landung zu bewerkstelligen, dann war der Abstieg ohne Bergstiefel kaum möglich. Jedenfalls mußte ich ein Tal aufsuchen, wo Menschen wohnten. Ich besaß nur noch 40 kg Ballast, von dem ich 10 kg in $1^3/_4$ Stunden verbrauchte, um eine vereiste Hochgebirgskette mit jähem Steilabfall nach Süden zu überfliegen. Die mir mitgegebenen Karten reichten nur bis an die österreichische Grenze. Ich konnte die Orientierung lediglich nach der Karte des Reichskursbuches und auf Grund meiner geographischen Kenntnisse versuchen. Eine Besorgnis hatte ich allerdings, als ich $6^1/_2$ Uhr an die Landung denken mußte. Waren die Wolken unter mir über den Gletscherfeldern sehr kalt, dann konnte der stark erwärmte Ballon so abgekühlt werden, daß ich den dadurch bedingten schnellen Fall bei dem geringen Ballast nicht ausreichend zu bremsen vermochte. Spelterini hat einmal bei einer Alpenfahrt 20 Sack zu je 20 kg ganz kurz hintereinander abschneiden müssen bei dem Versuch, seinen Ballon aus einer kalten Wolke bei starkem Fall wieder hochzubringen; es gelang ihm nicht, er hatte aber das Glück, in einem bewohnten Tale zu landen. Hieran mußte ich denken, Gott sei Dank kam ich nicht in diese Lage. Der „Gersthofen" fiel aus 4300 m ganz langsam durch Wolken zwischen 3900 und 3300 m, die mir zum Teil die Aussicht geraubt hatten. Jetzt lag ein Gebirgspanorama von einer Großartigkeit vor mir, wie es wohl nur wenige erblickt haben. Ich spähte aus, wo ich meinen Ballon unterbringen könnte, überflog einen schneebedeckten Gebirgszug, sah eine Mulde mit einigen Sennhütten, dann einen niedrigen Kamm und dahinter ein größeres Tal. Hier beschloß ich zu landen. Durch einen kurzen Ventilzug fiel der Ballon schneller, er fing sich selbst am Schleppseil ab, und es gelang mir, fünf Minuten von dem Bahnhof St. Georgen, westlich Judenburg, eine sehr glatte Landung durchzuführen.

Meine Vermutung, daß ich mich an der Semmeringbahn befände, wurde durch die aufs höchste durch meine Landung erregten Steiermärker bestätigt. Der kleine Ballon wurde in Körbe verpackt und mit einer Handkarre zum Bahnhof gefahren. Ich fuhr an demselben Abend zum Übernachten nach Brück an der Mur, am anderen Tage über Wien, Frankfurt nach Düsseldorf.

Auf der Rückfahrt las ich, daß sich am Nachmittag des Ballonfahrttages in Oberbayern und München starke Gewitter entladen hätten.

Ich glaube, daß dies die erste Überquerung der Alpen in einem 340 cbm-Ballon durch einen Alleinfahrer ist.

Hauptmann H. von Abercron.

Mit dem Parseval III nach Leipzig.

Mit 3 Abbildungen nach Originalaufnahmen des Verfassers.

Die erste Fahrt im lenkbaren Luftschiff wird für jeden unvergeßlich sein. Gegenwärtig aber und auch in absehbarer Zeit wird dieser erhebende Genuß, die Lüfte zu beherrschen, wenigen vergönnt sein. Wem er schon zuteil wurde, hat daher vielleicht sogar die Pflicht, seinen Zeitgenossen ein Bild davon zu geben.

Als irrig freilich muß von vornherein die Ansicht bezeichnet werden, daß durch die Entwicklung der Motorluftschiffahrt Freiballons verdrängt würden. Deren hoher Reiz wird auch in Zukunft weiter bestehen. Das Abenteuerliche, das die Luftschiffahrt im Gefolge hat, liegt ja gerade zum großen Teil in der Ungewißheit des Ziels; dann aber zieht das Schweigen im Äther, das für den Menschen unserer hastenden Zeit eine wahre Erholung bedeutet, die Tausende in Bädern und Sommerfrischen suchen und vielleicht nicht finden, den Aeronauten im Freiballon an; auch in materieller Hinsicht wird diesem die Freiballonfahrt sympathischer sein, da eine Motorfahrt neben viel Benzin auch viel Geld beansprucht; zudem ist die Erforschung höchster Luftschichten, wie überhaupt die meisten wissenschaftlichen Beobachtungen dem Freiballonfahrer vorbehalten.

Wie jede Verkehrsmöglichkeit in ihren Anfangsstadien natürlich noch nicht auf der Höhe stehen kann, die sie erst im Laufe der Zeit nach manchen Erfahrungen und Verbesserungen, die auch hier Schlag auf Schlag folgen werden, erreicht, so ist auch die Motorluftschiffahrt gegenwärtig noch vielen Zufälligkeiten unterworfen. Während die Lenkballons vom Zeppelintyp vermöge ihrer großen Gasfüllung und der damit verbundenen höheren

Abb. 122. Leipzig vom „Parseval III" aus (*).
Im Hintergrunde links das neue Rathaus mit seinem charakteristischen Turm.
In der Mitte: Reichsgericht; rechts: Gewandhaus.

Auftriebskraft den Einflüssen der Witterung momentan am besten zu trotzen vermögen, sind die nach dem halb= oder unstarren System gebauten Lenk= ballons vom Wetter naturgemäß abhängiger. Andrerseits erfordert der Präzisionsbau eines Zeppelin eine ungleich subtilere Behandlung, und ein Unfall eines solchen Luftkreuzers, der jederzeit eintreten kann, erfordert naturgemäß große Geldopfer. Den nichtstarren Systemen können Unfälle insofern weniger anhaben, als eine Landung fast überall möglich sein wird, und weil ein Nottransport nach Entleerung der Gasfüllung in kür= zester Frist zu bewerkstelligen ist. Den besten Beweis dafür lieferte der Unfall des Parsevalballons in Frankfurt: Die beschädigte Hülle wurde

vom Gas vollständig entleert und dann nebst Gondel auf Wagen ab=
transportiert.

— —

Ein ruhiger sonnenklarer Tag begünstigte unsere Fahrt, die wir am
29. Juni 1909 mit dem „Parseval III" von Bitterfeld aus antraten. Bei solcher
Witterung bieten die Lenkballons aller Systeme die gleiche erstaunliche
Leistung, und so fuhren wir denn mit einer Geschwindigkeit von 45 km
pro Stunde und mit dem Gefühl absoluter Sicherheit Leipzig entgegen.

Abb. 123. Leipzig: Germaniabad aus ca. 150 m Höhe (*).

Wer schon einmal auf einem Ozeandampfer in ruhiger Fahrt über die glatte Fläche des Meeres dahingeeilt ist, der wird sich die rechte Vorstellung machen können von der Eigenart unserer Fahrt. Und doch — viel= leicht nicht ganz die rich= tige! Denn tief unter uns entrollte sich Bild auf Bild von landschaftlicher Schön= heit und rasch pulsierendem Leben.

Ob wir die große Stadt erreichen würden, war ja
immer noch eine Frage; denn der „Parseval" hatte wohl in einigen
kleinen Flügen rings um Bitterfeld seine Kraft erprobt, jedoch noch
keine Distanzfahrt von längerer Dauer unternommen. Es reizte uns
natürlich ungemein, die Begeisterung der halben Million Einwohner, die
noch vor wenig Wochen beim Besuch Zeppelins so machtvoll in die Er=
scheinung getreten war, nun auch für einen Parseval zu entflammen. Was
werden die Leipziger sagen, wenn wir kommen! Und zwar unangemeldet!
Denn unser Ballon trug uns zu unserer Freude mit solcher Stetigkeit
von der Mulde zur Pleiße, daß selbst der gewandteste Journalist von
Bitterfeld aus die Leipziger nicht eher hätte mobil machen konnen, als bis
wir selbst inmitten der Stadt (Abb. 122) unsere Visitenkarte abgaben.

Unsere Erwartung hatte uns nicht getäuscht. Schon in den Kasernen=
höfen von Gohlis, die wir in 150 m Höhe zuerst überflogen, wurde es
lebendig. Das Surren der Propeller hatte wohl die Ahnungslosen auf=

blicken lassen, die nun wieder ihre Kameraden herbeiriefen, die denn auch
aus allen Türen stürzten — doch konnten sie uns nur noch nachsehen, denn
wir hatten bereits das Gebiet der 106 er Kaserne verlassen, auf deren flachen
Dächern kurz darauf die Offiziere Posto faßten. Das Rosental flog jetzt
unter uns dahin, schon schwebten wir über dem Meßplatz, wo gerade vier
Wochen vorher die Leipziger auf eine Landung Zeppelins gehofft hatten.

Abb. 124. Gautzsch mit Kirche aus ca. 300 m Höhe (*).

Wir dachten nicht an Landung, wollten vielmehr Leipzig in seiner ganzen
Länge überqueren. Daher galt es, in genau südlicher Richtung die Spitze
des Ballons auf Gautzsch zu richten. Der Flug dahin führte uns westlich
vom neuen Rathaus (s. Abb. 122), dann am Reichsgericht vorüber, über
das Gewandhaus hinweg zu den Parkanlagen, die sich in der Nähe der
Leipziger Rennbahn nach Connewitz zu erstrecken. In deren Mitte liegt an
der Pleiße das Germaniabad (Abb. 123).

„Zutritt", oder: „Das Überklettern der Wände streng verboten!" steht
wohl an seinen Planken. Doch für Luftschiffer ist vorläufig noch kein Pfänd=
wisch gesetzt. Wie sollte uns denn auch der brave Hüter der Ordnung,

der da unten auf dem Uferwege spähenden Auges schlendert, arretieren!
Unser Blick war jetzt gefesselt von dem drolligen Bilde, das sich innerhalb
der Einfassung des Bades abspielte. Da tummelten sich Männlein und
Weiblein, auch Kindlein wohlig in der Flut oder bräunten im sonnendurch=
glühten Sande ihren „Teint". Als aber nun der Riesenvogel zu ihren
Häuptern schwirrte, vergaßen sie alle miteinander, daß sie sich doch eigent=
lich in Adams Kostüm den wildfremden Menschen da oben präsentierten.

Doch schon verhallte ihr Hurra hinter uns. In stetem Fluge erreichten
wir den südlichsten Punkt unserer Fahrt, das reizend angelegte Gautzsch
(Abb. 124). Nach einem eleganten Bogen über Ötzsch lenkte der Steuer=
mann das Schiff dem Heimathafen wieder entgegen. Unsere Rückfahrt
über das Zentrum von Leipzig gestaltete sich, da inzwischen die Kunde
von unserem Besuch in alle Häuser gedrungen war, zu einem wahren
Triumphzug. Auf den Straßenplätzen wimmelte es von Menschen, die
Dächer der Häuser waren besetzt, die Straßenbahnwagen hielten, sogar
die Abonnenten im Neuen Theater zogen es vor, das Schauspiel in den
Lüften anstatt das auf der Bühne zu beobachten.

Es bereitete mir eine wahre Lust, die wechselvollen Bilder da unten
für alle Zeit festzuhalten, doch gewann ich, obwohl mir vom Freiballon
aus schon viele Aufnahmen gelungen waren, die Erfahrung, daß zum
Photographieren vom vibrierenden Motorballon aus eine besonders ruhige
Hand erforderlich ist.

Über das umfangreiche neue Bahnhofsgelände hinweg, das sich aus
der Ballonperspektive fast wie eine von unzähligen Furchen durchzogene
Sandwüste ausnahm, verließen wir die Stadt, die uns so begeistert emp=
fangen, und trafen nach insgesamt $2^1/_2$ stündiger Fahrt vor der Halle in
Bitterfeld, dem Ausgangspunkt der Fahrt, wieder ein.

Hauptmann und Kompaniechef Härtel (Tr. 19) in Leipzig.

Zur Nachtzeit an die Ostseeküste.

Meine siebenundvierzigste Fahrt war eine Nachtfahrt im Frühjahr 1906. Wir stiegen bei schwachem südöstlichen Winde gegen 12 Uhr abends von Berlin aus auf und nahmen Kurs mit Richtung auf Neu-Ruppin.

Da der Ballon ständig der Bahnlinie Berlin—Hermsdorf—Neu-Ruppin mit 4 m p. s-Geschwindigkeit willig folgte, glaubte ich, daß eine Orientierung nach der Erde nicht verloren gehen könnte, und legte mich, meinem Mitfahrenden die Führung anvertrauend, schlafen.

Ich mochte etwa drei Stunden geschlafen haben, als mich mein Ballongefährte mit der Nachricht weckte, daß er die Orientierung völlig verloren hätte. Seiner Ansicht nach hätten wir vor kurzem die Stadt Neu-Strelitz passiert.

Während bei der Abfahrt der Himmel nicht ganz bedeckt und die Sicht nach der Erde klar war, war inzwischen völlige Dunkelheit eingetreten, die Erde von aufsteigenden Nebeln umhüllt, und es wurde in der Tat schwer, sich zu orientieren. Jedenfalls konnte ich feststellen, daß der Wind erheblich aufgefrischt hatte und der Ballon NzO Kurs anlag.

Vor uns breitete sich nun bald ein großer See aus, den wir beide als den Müritzsee, der ja in unserer allgemeinen Fahrtrichtung lag, ansprachen. In

Wirklichkeit war es aber das Alster Wasser bei der Insel Usedom. Der Ballon hielt sich in dieser Zeit, 3 Uhr 40 Minuten vormittags, in 170 m Höhe. An Ballast waren noch 5 Sack, die ich sämtlich außenbords angebracht hatte, vorhanden.

Wir mochten noch 100 m von dem andern Seeufer entfernt sein, als ich auf der eifrigsten Suche, die geographische Orientierung wiederzufinden, mit einem Male durch den Nebeldunst als Seeufer nur einen ganz schmalen Streifen und dahinter ein unermeßliches, nach Norden unbegrenztes Wasser sah, das nur das offene Meer sein konnte.

Zum Handeln blieb wenig Zeit. Der Ballon trieb mit zunehmender Fahrt der Küste zu. Diesen durch Ventilziehen noch rechtzeitig zur Landung zu bringen, war bei dem an dieser Küstenstrecke nur 800 m breiten Landstreifen und der auf 45 Kilometer geschätzten Geschwindigkeit völlig ausgeschlossen.

Schnell entschlossen zog ich die Reißbahn, während der Ballon nur noch ca. 160 m von der Küste ent-

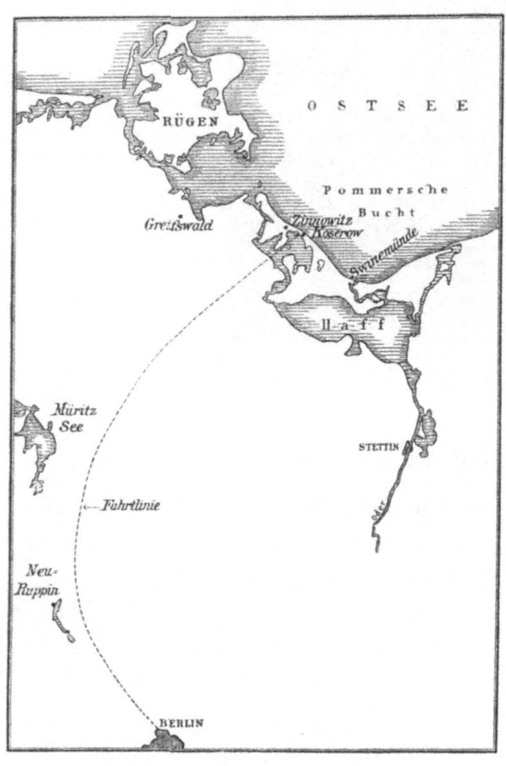

Abb. 125.

fernt war, bis zur Hälfte. Der Ballon fiel sehr schnell, so daß wir Mühe hatten, die noch vorhandenen Ballastsäcke zum Werfen klar zu machen. In 20 m Entfernung vom Erdboden gaben wir auf einmal 5 Säcke über Bord, wodurch die Fallgeschwindigkeit um ein beträchtliches vermindert wurde. Die Landung erfolgte darauf ohne allzustarken Aufprall, unmittelbar in der Nähe der Ostseeküste.

Wir befanden uns an der schmalsten Stelle der Insel Usedom, zwischen Koserow und Zinnowitz. Wir hätten bei einer Weiterfahrt, da der Wind immer mehr nach Westen umsprang und allmählich Nordostrichtung annahm, wohl schwerlich die andere Küste erreicht!

Diese Fahrt war für mich insofern von größter Bedeutung, als sie mir außer dem Vorsatz, nie bei Ballonfahrten die Orientierung aus der Hand zu geben, Veranlassung gab, mich mit der Frage der astronomischen und magnetischen Ortsbestimmung im Ballon eingehend zu beschäftigen.

Nach jahrelangem Studium dieser für den Luftschiffer so wichtigen Frage ist es mir denn auch, dank der rührigen Mitarbeit meines Lehrers an der Universität, des Herrn Prof. Dr. Marcuse, gelungen, auf diesem Gebiete erhebliche Fortschritte zu machen. Mit Hilfe besonders konstruierter Instrumente und der — zur schnelleren Auswertung der Messungen — von Prof. Marcuse geschaffenen Tabellen ist der Luftschiffer heute in der Lage, in 6 bis 8 Minuten seinen Ballonort astronomisch festzustellen.

In der Nacht dienen zwei Höhenmessungen von Gestirnen, deren eins nahe dem Meridian (geogr. Breite), deren anderes nahe dem Ostwest-Vertikal (geogr. Länge) steht, zur Feststellung der Position des Ballons. Am Tage, wenn nur die Sonne zur Verfügung steht, muß außer der Höhe noch das Sonnenazimut gemessen werden. Aus diesen beiden Koordinaten im System des Horizontes (Höhe und Azimut) läßt sich alsdann gleichfalls der vollständige Ballonort herleiten. Jedenfalls kann die bei unsichtiger Erde oder über See anzuwendende astronomische Orientierung im Ballon jetzt als gelöst angesehen werden, nachdem in dieser Richtung angestellte Versuchsfahrten sehr gute Resultate gezeigt haben.

Ganz besonderen Wert hat die aeronautische Navigation für Motorluftschiffe und ist für diese ein unentbehrliches Hilfsmittel geworden. Doch auch der Freiballonführer sollte nicht versäumen, sich mit den astronomischen Ortsbestimmungen im Ballon vertraut zu machen. Denn daß auch für Freiballons die Möglichkeit einer astronomischen Orientierung von unendlichem Nutzen sein kann, hat das im verflossenen Jahre veranstaltete Gordon-Bennettrennen der Lüfte, das einen so unglücklichen Verlauf nahm, zur Genüge gezeigt.

Oberleutnant Geerdtz, Charlottenburg.

Abb. 127. Dr. Bröckelmann.

Die Alpen entlang von Zürich bis zum Wendelstein.

Als die Aufforderung an mich erging, über meine interessanteste Ballon=
fahrt zu berichten, habe ich lange Zeit überlegt, welche meiner Fahrten ich
wohl schildern müßte; aber schließlich habe ich mir gesagt: „Jede Luftreise
hat dir soviel Neues und Interessantes geboten, daß es unmöglich ist, irgend=
eine dieser Fahrten als die interessanteste zu bezeichnen.“ Wie bei jedem
Sport aufregende Momente und gefährliche Lagen vorkommen, so bleiben
auch dem Luftschiffer solche nicht erspart, und so könnte ich von manchem
in den Lüften oder bei Landungen erlebten Abenteuer erzählen. Aber
manch einer könnte vielleicht dadurch von dem herrlichen Ballonsport ab=
geschreckt werden, in der Meinung, solch ein gefährliches Abenteuer gehöre
zu jeder Ballonfahrt, während man tatsächlich nirgends so sicher aufgehoben
ist, wie in der Gondel des Luftballons, und Unglücksfälle, die sich natürlich
überall ereignen können, bei Ballonfahrten zu den seltenen Ausnahmen
gehören.

Für mich am interessantesten war vielleicht die 24½stündige Dauer=
wettfahrt vom 12.—13. Oktober 1908 von Berlin bis zur holländischen
Küste, weil ich auf ihr mit meinem Mitfahrer derartig angestrengt be=
schäftigt war, daß wir keine Minute Zeit fanden, etwas zu essen, geschweige

Abb. 128. Die Jungfrau von Norden aus 3400 m Höhe.
Aus „Guyer, Im Ballon über die Jungfrau nach Italien". (Berlin 1909, Verlag Braunbeck=Gutenberg A.=G.)

denn zu schlafen. Aber diese Fahrt war recht wenig charakteristisch für eine Ballonfahrt, denn sie führte uns ununterbrochen in wenigen Metern Höhe über die Erde dahin, so daß die gespannteste Aufmerksamkeit dazu gehörte, um beim Aufschlagen des Korbes keine Verletzungen davonzutragen.

So möchte ich denn kurz eine Fahrt erzählen, die meiner Mitfahrerin, Frau General von Reppert, und mir unvergeßliche Genüsse verschafft hat, eine Fahrt, die beim herrlichsten Wetter einen geradezu idealen Verlauf nahm, nämlich am Nordrande der Alpenkette entlang.

Meine Begleiterin, eine außerordentlich gewandte Hochtouristin und Ballonführerin, hatte mir schon mehrfach den Wunsch geäußert, einmal eine Ballonfahrt über die Alpen zu machen, und mit Freuden ergriff ich die Gelegenheit, in Zürich aufzusteigen, denn es war mir interessant, die dortigen Aufstiegsverhältnisse kennen zu lernen, weil ich bestimmt war, als einer der drei Vertreter Deutschlands am 3. Oktober 1909 in Zürich um den „Gordon-Bennettpreis der Lüfte" zu kämpfen.

Ballonfahrten über die Alpen sollten immer nur von geübten Bergsteigern unternommen werden, die imstande sind, ohne Hilfe auch von schwer zugänglichen Punkten des Hochgebirges abzusteigen, denn bei jeder Ballonfahrt kann es vorkommen, daß man plötzlich zur Landung gezwungen ist. Bei einer Alpenfahrt kann also der Ballon auf zerklüftetem Gletscher, auf wildzerrissenem Felsgrat oder an steilen Berglehnen niedergehen, wo besonders bei Nebel Hilfe nicht zur Stelle sein wird. Wir hatten deshalb auch unseren Ballon „Augusta" mit allen Hilfsmitteln des Bergsteigers ausgestattet, obgleich bei dem am 1. August 1909 herrschenden schwachen Südwind die Fahrt voraussichtlich in die Ebene nach Württemberg oder Bayern gehen würde. Aber wer konnte wissen, ob sich nicht der Wind drehen und uns ins Hochgebirge hineintreiben würde?

Es war 8³/₄ Uhr vormittags, als wir uns von dem großen Gaswerk „Schlieren" bei Zürich mit der „Augusta" in die klare, fast windstille Luft erhoben. Um die nahen Höhenzüge überfliegen zu können, stiegen wir rasch 600 m aufwärts und sahen nun plötzlich südlich von uns die schnee- und eisgepanzerten Bergriesen der Berner und Walliser Alpen in den blauen Himmel hineinragen. Langsam und stetig ansteigend nahmen wir den Kurs nach Nordosten, vorbei an dem herrlichen Züricher See mit seinen grünen, freundlichen Ufern; und je höher wir stiegen, um so höher wuchsen die Schweizer Berge empor, um so mehr vergrößerte sich das Panorama, das sich unseren entzückten Blicken darbot. Südlich Winterthur fahren wir über den Eschenberg, einen 500 m hohen, mit einem Turm gekrönten Aus-

sichtsberg, auf dem viele Menschen dem Ballon laut, aber vielleicht sehn=
süchtig zujubeln, denn, dreimal so hoch, genießen wir eine Fernsicht, von der
sich jene tief drunten auf dem Aussichtsturm nur schwer einen Begriff
machen können. Von der Jungfrau und dem Finsteraarhorn im Westen
an können wir die Alpen bis zu den Zillertaler Bergen überblicken, und
freudig grüßen wir zu manchem Gipfel hinüber, zu dem wir in früheren
Zeiten mühsam hinangestiegen sind. In der Ferne winkt bereits der Spiegel
des Bodensees, und klar ausgebreitet wie eine Landkarte liegt die ganze
Schweiz unter uns. Weit im Südwesten über Zürich steigt, wie ein kleiner,
gelber Punkt, der Ballon „Mars" des Schweizerischen Aeroklubs in die
Lüfte, aber bald wird unser Blick wieder von ihm nach vorwärts abgelenkt,
denn bei Romanshorn kommen wir über die große Wasserfläche des Boden=
sees. Drüben bei Friedrichshafen schwimmt, klein wie ein Kinderspielzeug,
die Ballonhalle Zeppelins, und fauchend durchqueren viele Dampfer die
klaren Fluten, lange dunkle Streifen im Wasser ziehend, die viele Kilometer
weit die durchfahrene Strecke kennzeichnen. Kleine, weiße Punkte, die
wir erst für Möwen halten, erkennen wir bald als Segelboote, und deutlich
machen sich die verschiedenen Tiefen des Sees aus unserer Höhe durch ver=
schiedene Färbungen bemerkbar. Hier gibt es soviel zu schauen, daß die
fast eine Stunde währende Fahrt über den See im Fluge verrinnt, und
fast erschrocken erkennen wir plötzlich ganz nahe unter uns grüne, mit Alpen=
hütten bedeckte Wiesenmatten, denn wir befinden uns über dem 1060 m
hohen „Pfänder" bei Bregenz. Laute Juchzer schallen jetzt zu uns herauf,
und melodisch klingen die Kuhglocken durch die erfrischende Bergesluft.

Rasch nähern wir uns nun den Allgäuer Alpen. In 2000 m Höhe
überfliegen wir den Alpsee bei Immenstadt und blicken über Sonthofen
und Oberstdorf hinüber zu den hochragenden Kalkgipfeln des Hochvogels
und der Mädelegabel. Noch einmal nimmt der Ballon „Mars", der uns
bedeutend näher gekommen war, unsere Aufmerksamkeit in Anspruch, denn
gar nicht weit von uns, bei Nieder=Sonthofen, sehen wir ihn rasch fallen
und können die Einzelheiten seiner Landung genau verfolgen. Allein wir
denken noch nicht an das Ende unserer schönen Fahrt, die uns soeben bei
Füssen über den Lech führt, einen prächtigen Blick auf die Königsschlösser
Hohenschwangau und Neuschwanstein gewährend. Über das durch den
Wintersport bekannte Kohlgrub immer noch höher ansteigend, befinden wir
uns gegen 3¹⁄₂ Uhr in 3000 m Höhe bei Murnau am Staffelsee und sehen
nun über Garmisch=Partenkirchen hinweg das ganze Wettersteingebirge mit
Deutschlands höchstem Gipfel, der Zugspitze, ausgebreitet vor uns liegen.

Nicht weit von uns, im Norden, gewahren wir den großen Ammer= und Würmsee, östlich den Kochel= und Walchensee mit dem Karwendelgebirge, dahinter den Tegernsee und Schliersee. Wir sehen den Lauf des Lechs bis hinunter nach Augsburg, die Isar bis München, den Inn bei Rosenheim. Aber überwältigender als alles, was in der Ebene zu unseren Füßen liegt, ist der Blick auf die ganze Alpenkette, die wir jetzt von den Hohen Tauern an bis zu den Schweizer Bergen überblicken können.

Wir nehmen, bis zu 3200 m Höhe ansteigend, unseren Kurs über Tölz, Tegernsee und Schliersee und beschließen, in der Ebene bei Rosenheim zu landen. Als daher der Ballon zu fallen beginnt, hindern wir ihn nicht daran durch Ballastauswurf und nähern uns rasch den grünen Wiesen bei Miesbach. Aber je tiefer der Ballon sinkt, um so mehr dreht er nach Süden ab, gerade auf die steilen Hänge des Wendelsteins zu. Jetzt heißt es rasch handeln, denn schon sind wir über den bewaldeten Bergen östlich Schliersee. Ein kleines Tal am Fuße des Wendelsteins bietet die letzte Möglichkeit einer bequemen Landung. Kräftig wird das Ventil gezogen, und schon legt sich das Schlepptau auf den Talboden; nun noch ein Zug an der Reißleine: und langsam senkt sich die große, gelbe Hülle, die uns 8 Stunden lang sicher und ruhig 270 km weit durch die Lüfte getragen, auf eine grüne Wiese dicht neben der Fahrstraße. Rasch herbeigeeilte Bauernburschen, die in ihrer oberbayerischen Tracht einen schmucken, malerischen Eindruck machen, verpacken den Ballon auf einen Wagen, und zwei mutige Rößlein bringen ihn samt den Luftschiffern rasch den steilen Berg hinab zur Station Feiln= bach. In dem nahegelegenen Bad Aibling beschließen wir bei einem großen Glase Münchener Bier die unvergeßliche Reise durch die Lüfte.

Dr. Bröckelmann, Berlin.

Abb. 129. Hauptmann d. R. Richard von Kehler.

Mit Wilbur Wright über die römische Campagna.

In den 15 Jahren, während derer ich mich praktisch mit der Luftschiffahrt beschäftigen durfte, habe ich manchen interessanten Ausflug in die Lüfte getan. Zuerst lange Zeit hindurch nur im Frei= und im Fesselballon, dann im Luftschiff, und schließlich einmal mit der Wrightschen Flugmaschine.

Die Freifahrten sind schön durch die Ruhe, die im Korbe herrscht; es ist auch im allgemeinen nicht soviel dabei zu tun, daß man sich nicht dem Genuß des schönen Landschaftsbildes hingeben könnte, über das man hinwegfliegt. Auch hat es immer etwas Romantisches, im Freiballon zu fahren; man weiß nicht, wo man abends sein wird, wenn man des Morgens abfährt. Der Wind kann sich ändern, die Aussicht auf die Erde geht über den Wolken verloren, man freut sich dort oben der Weltabgeschiedenheit und genießt den Vorzug des blauen Himmels und den prachtvollen Blick auf die sonnen= beschienenen Wolken, bis es Zeit wird, einmal nachzusehen, wo man sich inzwischen hinbegeben hat, und zu den Erdenbewohnern zurückzukehren. Da gibt es manchmal Überraschungen. Wir fuhren einmal mit mäßigem Winde von Berlin nach Südosten ab, kamen bald über die Wolken und wollten uns nach 4—5 Stunden orientieren in der Annahme, in Schlesien,

vielleicht schon bei Breslau zu sein; als wir aber durch die Wolken durch=
gestoßen waren und die Erde zu Gesicht bekamen, schien uns das Gelände
so merkwürdig bekannt, und binnen kurzem mußten wir feststellen, daß
wir bei Potsdam waren. Der Wind hatte über den Wolken fast vollkommen
abgeflaut und uns das kurze Stück nach Südwesten geführt; vielleicht aber
hatten wir auch eine größere Schleife zurückgelegt, wer kann es wissen?

Auch Aufstiege im Fesselballon haben ihr Schönes und besonders
Interessantes, wenn man z. B. im Manöver aus dem Ballon beobachtet
und das ganze Gefechtsbild sich unten entrollen sieht. Ein Aufstieg war
mir von besonderem Interesse; das war, als ich im Fesselballon, an einem
Torpedoboote festgemacht, 400 m über der Ostsee schwebte und den Kieler
Hafen von oben zu beobachten hatte. Was im Fesselkorbe fehlt, das ist die
Ruhe; hier spürt man den Wind und hört ihn durch das Tauwerk pfeifen,
und bei längerem Aufenthalt und windigem Wetter tritt hier auch die See=
oder richtiger gesagt Luftkrankheit auf.

Neu und schon deswegen interessant waren mir dann die Fahrten im
lenkbaren Ballon oder Luftschiff; die erste natürlich am meisten. Ich machte
sie im Herbst 1906 im Zeppelin=Luftschiff rund um den Bodensee herum;
sie war durch besondere Umstände bei der Abfahrt noch besonders ein=
drucksvoll geworden. Das Luftschiff trennte sich bei der Abfahrt früher
von seinem Floß, mit dem es damals noch auf den See hinausgeschleppt
wurde, als es beabsichtigt war, wir waren oben in der Luft, ohne daß die
Motoren in Gang waren, und wurden vom Winde dicht über die große
Luftschiffhalle hin landeinwärts getrieben. Wir bemerkten dabei zu unserer
Verwunderung, daß ein alter Arbeiter bei der plötzlichen Abfahrt aus
Versehen mit in der Gondel geblieben war. Als dann auf das Kommando
des Grafen Zeppelin die Motoren in Gang gesetzt wurden, die Propeller
anfingen zu wirken und das eben noch willenlos dem Winde unterworfene
Luftschiff nach dem See zurück einschwenkte und gegen den Wind stolz
voranfuhr, das war ein unbeschreiblich erhebender und beglückender Eindruck.
Inzwischen habe ich dann viele Fahrten mit dem schnellen, wendigen Parseval=
Luftschiff gemacht, habe oftmals die Freude gehabt, es führen zu dürfen,
und manches Interessante darin erlebt, Erfreuliches und Widriges. Aber
das letztere vergißt sich schnell, nur die Erfahrungen bleiben, die man bei
diesem oder jenem auftretenden Fehler gemacht hat, um ihn abzustellen
und für die Zukunft nicht wieder erscheinen zu lassen; und so werden die
Mängel immer weniger, die „Pannen“ in der Luft treten seltener ein, und
die Fahrten im Luftschiffe werden immer sicherer und schöner.

Das Wesen dessen, was man „interessant" nennt, ist nicht an die Zeit gebunden, und so kann ich auch den Flug, zu dem mich Wilbur Wright mitnahm, als meine interessanteste Luftfahrt bezeichnen, obgleich sie bei weitem die kürzeste war, denn sie dauerte nur 7 Minuten.

Ich hatte mich im Auftrage der Motorluftschiff-Studiengesellschaft Ende April d. J. nach Rom begeben, um die Leistungen der Wrightschen Flugmaschine durch eigenen Augenschein kennen zu lernen. Ich sah dort während dreier Tage mehr als zwanzig Aufstiege, von denen einer wie der andere mit derselben Präzision und Sicherheit vor sich ging, ohne daß auch nur einmal die geringste Kleinigkeit versagt hätte.

Besonders interessant war es, daß der Fallapparat, mit Hilfe dessen die Maschine bekanntlich durch das Herabfallen eines schweren Gewichtes die zum Aufsteigen nötige Anfangsgeschwindigkeit erreicht, nur noch ausnahmsweise benutzt wurde. Für die weiteren Fahrten wurde die Ablaufschiene etwas abschüssig mit etwa einem Meter Gefälle hingelegt. Dieses geringe Gefälle genügte, um den Apparat leicht mit zwei Personen Besatzung zum Aufsteigen zu bringen. Unter der genannten Ablaufschiene hat man sich übrigens nicht etwa eine schwere und umfangreiche Vorrichtung vorzustellen; die Schiene besteht aus acht je fünf Meter langen, hochkant gestellten Brettern, die der Länge nach aneinandergestellt und in der Erde mit ein paar Pflöcken in einfachster Weise befestigt sind. Auf der Oberkante dieser Bretter liegt ein dünnes Eisenband, auf dem die in der Mittellinie der Flugmaschine ruhenden drei kleinen Rollen — in der Größe von Garnrollen — entlanglaufen. Bei einer Fahrt konnte Wilbur Wright ohne Benutzung der Schiene unmittelbar vom Erdboden aufsteigen, da an diesem Tage die Grasnarbe auf dem Flugplatze bei Centocelli in der Campagna am frühen Morgen durch den starken Tau so naß und infolgedessen so glatt war, daß das Schlittenkufen ähnliche Untergestell der Flugmaschine, auf dem Grase dahingleitend, die nötige Geschwindigkeit erreichte, um den Apparat zum Aufstieg zu bringen.

Für den Beschauer bietet das Fliegen der Wrightschen Flugmaschine einen wirklich großartigen und schönen Anblick. Wie ein Riesenvogel schwebt sie ruhig bei einer Geschwindigkeit von 16 bis 17 Meter pro Sekunde durch die Luft, erhebt sich zu größerer Höhe, geht wieder herunter bis dicht über den Erdboden, fliegt in ganz geringer Höhe, etwa ein Meter, über dem Boden dahin, den leichten Bodenwellen folgend, erhebt sich plötzlich wieder auf 20 bis 30 m, neigt sich bei einer kurzen Wendung scharf nach innen, stellt dann die Riesenflügel wieder horizontal und landet sanft

und ohne Erschütterung auf ein paar Meter genau an der beabsichtigten
Stelle.

Wilbur Wright hatte mir auf meine gleich ausgesprochene Bitte, eine
Fahrt mitmachen zu dürfen, zunächst noch keine bestimmte Zusage machen
können, da er den Veranstaltern der Flüge in Rom gegenüber in erster
Linie zur Mitnahme einer Anzahl von Personen sich verpflichtet hatte, und
da er vor allem die Zeit ausnutzen mußte, um den von der Militärbehörde
dazu bestimmten Leutnant Calderara als Führer der Flugmaschine aus-
zubilden. Um so freudiger war ich überrascht, als am Sonnabend, dem
24. April, Wilbur Wright plötzlich zu mir sagte: „Are you ready?“
Wright ist bekanntlich kein Freund von vielen Worten, und mehr zu sagen
war ja auch nicht nötig. Nur meinte er noch, ich solle mich nicht wundern,
wenn der Motor plötzlich oben stehen bliebe; er würde ihn in einiger Höhe
absichtlich abstellen, um zu zeigen, daß die Maschine auch im Schwebefluge
aus größerer Höhe vollkommen sicher landen könne. Ich nahm also, vorsichtig über die Verspannungsdrähte des Höhensteuers steigend, neben Wilbur
Wright Platz, setzte meinen Hut fester auf und sah erwartungsvoll über den
grünen Boden der Campagna. Ich dachte an den alten Horaz, und was für
eine Ode er wohl gedichtet hätte, wenn er die Menschen hätte fliegen sehen
können. Bei der Abfahrt konnte ich genau beobachten, wie Wright etwa
10 m vor dem Ende der Schiene mit dem einen Hebel der Höhensteuerung
den nötigen Ausschlag zum Aufstieg gab, um fast momentan das Höhensteuer wieder horizontal zu stellen. Diese eine kurze Handbewegung genügte,
um eine Höhe von etwa 10 m zu erreichen. Wir flogen dann geradeaus,
langsam bis etwa 20 m ansteigend, in der Richtung auf Rom zu, wendeten
dann links in großem Bogen bis zum Kehrt und flogen etwas weiter als
gewöhnlich in die Campagna hinein. Bei dem Geradeausfliegen über dem
im Anfange der Fahrt ganz ebenen Gelände lag die Maschine völlig ruhig
und ohne die geringsten Schwankungen. Bei den Wendungen zeigten sich
ganz geringe Schwankungen. Als wir dann über etwas mehr hügeliges
Gelände kamen und die Ruinen der alten Aquädukte sowie einige einzeln-
stehende Gebäude und Gehöfte überflogen, zeigte sich die Einwirkung
vertikaler Luftbewegungen, denen jedoch durch das Höhensteuer ganz leicht,
und ohne daß irgendwie größere Schwankungen des Apparates eintraten,
begegnet werden konnte. Wir waren inzwischen etwa 50 bis 60 m hoch gestiegen, wendeten dann wieder auf die Abfahrtstelle zu, allmählich etwas
herunterfliegend. In etwa 30 m Höhe stellte Wright den Motor ab, und
in einigen leichten Wellen kamen wir sanft und ohne jede Erschütterung dicht

an der Abfahrtstelle zu Lande. Dieser Abstieg erinnerte mich an die zwei Gleitflüge, die ich vor 15 Jahren mit Lilienthals Gleitflieger von seinem kleinen Erdhügel bei Lichterfelde machen durfte.

Aus der Beobachtung der Flüge von unten und aus dem Mitfahren selbst habe ich die Überzeugung gewonnen, daß die Wrightsche Flugmaschine unter sachverständiger Führung ein sicheres und zuverlässiges Beförderungsmittel ist, dem man sich ohne Bedenken anvertrauen kann, und aus eigener Erfahrung kann ich nun bestätigen, daß das Fliegen mit einer solchen Maschine ein fast unbeschreiblicher Genuß ist. Hiernach ist es für mich nicht zweifelhaft, daß sich der Flugsport kräftig entwickeln und zahlreiche Anhänger finden wird.

Am besten eignet sich naturgemäß für diesen Sport diejenige Flugmaschine, die zurzeit am weitesten entwickelt ist, und das ist ohne Frage die Wrightsche. Um diese in Deutschland einzuführen, hat sich die „Flugmaschine Wright Gesellschaft" gebildet. Diese Gesellschaft hat alle Rechte und Patente der Gebr. Wright für Deutschland erworben, hat bereits mit der Herstellung Wrightscher Flugmaschinen begonnen und wird binnen kurzem in der Lage sein, diese Maschinen in Tätigkeit zu setzen.

Richard von Kehler, Hauptmann d. R., Berlin.

Die Explosion des „Aßmann".

Am 22. Dezember 1905 unternahm ich mit dem Ballon „Aßmann" des Berliner Vereins für Luftschiffahrt von Bitterfeld aus in Begleitung von zwei Herren eine Freifahrt, die insofern von Interesse ist, als bei der Landung eine Katastrophe sich ereignete, wie sie bei der Luftschiffahrt bisher noch nicht vorgekommen ist und hoffentlich nie wiederkehren wird.

Der Ballon „Aßmann", der ein Volumen von 600 cbm hatte, hatte erst 25 Fahrten absolviert, als wir unsere Fahrt antraten. Durch das regnerische Wetter war die Hülle während des Füllens schon so feucht und schwer geworden, daß wir nur 6 Sack Ballast mitbekamen, da aber ein sehr frischer Westwind von rund 60 Kilometern Stundengeschwindigkeit herrschte, hofften wir doch noch eine beträchtliche Entfernung zurücklegen zu können, um so mehr, als die Wolken anfingen, sich zu zerteilen, und der Regen ganz aufhörte.

Bei dem heftigen Bodenwind gestaltete sich der Aufstieg recht schwierig; leicht abgewogen, erhob sich der Ballon dann und nahm seinen Kurs in genau östlicher Richtung. In schneller Fahrt und in einer durchschnittlichen

Höhe von 600—800 m überflogen wir Düben an der Mulde, die Elbe nördlich
Torgau und Annaburg, welches inmitten ausgedehnter Wälder ein land=
schaftlich überaus reizvolles Bild bot.

Bei der sehr wechselnden Bewölkung ging der Ballastvorrat leider sehr
bald zur Neige, und als wir nach etwa drei Stunden und einer zurückgelegten
Entfernung von 180 Kilometern in der Gegend von Forst angelangt waren,
beschloß ich zu landen, um so mehr, als vor uns die ausgedehnten Waldungen

Abb. 131.   Insel Lindwerder in der Havel (Dr. Bröckelmann phot.).

der Niederlausitz lagen, welche die Landung eventuell recht schwierig ge=
stalten konnten. Bei dem sehr heftigen Bodenwind kam es mir darauf an,
möglichst dicht hinter dem Rande eines der in unserer Fahrtrichtung liegenden
Waldstücke im Windschatten zu landen, um nach Möglichkeit eine Schleiffahrt
zu vermeiden. Ich sichtete eine Waldblöße südlich des Dorfes Preschen,
die mir für eine Landung geeignet erschien, und ließ den Ballon durch mehr=
faches Ventilziehen bis etwa 8 m vor dem Waldrande soweit herunter=
fallen, daß der Korb die obersten Baumwipfel berührte. So trieben wir
mit großer Geschwindigkeit der genannten Waldblöße zu, die das Ende
unserer Fahrt beinahe sehr tragisch gestaltet hätte. Als nämlich der Ballon
im Begriff war, vom Wald auf die Blöße zu treiben, erschien vor mir in

der Fahrtrichtung parallel zum Waldrande eine Hochspannungsleitung, durch deren Berührung wir, wenn der Korb an dieselbe anstieß, unrettbar verloren gewesen wären. Jetzt hieß es handeln, Zeit zur Überlegung gab es nicht mehr, da es nur noch Sekunden dauerte, bis eine Katastrophe eintreten konnte. Ein falscher Entschluß andererseits konnte verhängnisvoll werden. Nur soviel übersah ich: überfliegen konnte ich die Leitung nicht mehr, selbst bei Ausgabe von reichlichem Ballast, da die Geschwindigkeit zu groß und die Entfernung zu kurz war. Ich entschloß mich daher, noch über dem Waldrande die Reißleine zu ziehen, und erreichte dadurch, daß der Ballon noch zwischen Wald und Leitung auf die Erde herunterfiel und nur die Netzleinen über dem Korbring mit der Leitung in Berührung kamen, während wir mit dem Korbe uns unter derselben befanden. Es trat sofort Kurzschluß ein, ein riesiger Flammenbogen, der in der Nähe des Füllansatzes auftrat, entzündete sofort das an demselben befindliche explosive Gemisch, und unter einer großen Detonation explodierte der Ballon. Während wir mit dem Korbe plötzlich zur Erde fielen, flog die brennende Hülle in der Windrichtung über uns hinweg auf den Boden. Zufällig an dieser Stelle beschäftigte Holzarbeiter, die anfangs durch den Schreck wie versteinert dastanden, sprangen hinzu und zogen uns aus dem Gewirr der bereits in Brand geratenen Korbleinen heraus.

Abgesehen von kleineren Verletzungen kamen wir mit dem bloßen Schreck davon und waren dem Schicksal dankbar, daß nicht ein größeres Unglück eingetreten war. Die traurigen Überreste des Ballons, die nur noch aus dem Korb und den Instrumenten bestanden, wurden mit Hilfe der Arbeiter zusammengepackt, auf einen inzwischen eingetroffenen Wagen geladen und nach dem Bahnhof Forst gefahren, von wo wir, um eine Erfahrung reicher, die Heimreise nach Berlin antraten.

Oberleutnant Stelling, Berlin.

Abb. 132. Generalleutnant von Nieber.

Meine erste Hochfahrt.

Im vorigen Jahrhundert wurden noch nicht so viele Luftreisen und besonders nicht so viele Hochfahrten ausgeführt, wie es jetzt geschieht, nachdem sich der Sport des Luftballons bedient.

Die Luftschifferabteilung, deren Kommandeur ich seit 1893 war, hatte wohl mehrere Freiballons in Dienst gestellt, mit denen wir Offiziere unsere regelmäßigen Übungsfahrten ausführten, doch waren diese Luftfahrzeuge verhältnismäßig klein und konnten mit 3 bis 4 Insassen nicht allzu hoch fliegen. Ich begrüßte es daher mit großer Freude, als mich Herr Premierleutnant Groß, der berühmte Ballonführer bei den wissenschaftlichen Hochfahrten, einlud, mit ihm und Herrn Berson an einer solchen teilzunehmen.

Unser „Phönix" war ein über 3000 cbm messender großer Prachtballon, der eigens für wissenschaftliche Zwecke erbaut und eingerichtet war. Wir drei Gefährten durften erwarten, mit ihm in bedeutende Höhen aufzusteigen.

Die Fahrt sollte am 16. März 1894 vor sich gehen. Das Wetter war nicht besonders freundlich, grauer Himmel, Regen und Wind waren die gewöhnliche Erscheinung der letzten Tage gewesen, aber diese Wetterlage war den Meteorologen für unsere Unternehmung dieses Mal erwünscht.

Die Füllung des „Phönix" begann an dem genannten Tage gegen 3 Uhr morgens und war um 6 Uhr beendet. Sie vollzog sich in der Nähe der Gasanstalt in Charlottenburg, von wo aus damals die Aufstiege der wissenschaftlichen Fahrten stets unternommen wurden. Der Himmel hatte sein Gesicht nicht gegen bisher verändert. Schwere graue Wolken lagen dicht über der Erde, ein feiner Regen rieselte herab, der Wind pfiff recht kräftig aus Nord. Die kleinen Pilotenballons, die wir aufsteigen ließen, um die Windströmung in den oberen Schichten soweit wie möglich zu erkunden, flogen in südlicher Richtung mit einer geringen Abweichung nach West davon. So war es denn anzunehmen, daß wir heute nach Böhmen kommen würden.

Um 7½ Uhr morgens waren alle Vorbereitungen für die Abfahrt getroffen. Zum Schutze gegen die in den oberen Regionen zu erwartende Kälte hatten wir Pelze mitgenommen. Frau Geheimrat Aßmann, die stets in liebenswürdigster Weise für das leibliche Wohl der Ballonfahrer sorgte, hatte uns auch diesmal nicht vergessen. Trotz der frühen Morgenstunde war sie bereits auf dem Platze erschienen und brachte uns einen Kessel, der besonders für die hohen Fahrten zum Warmhalten der Speisen eingerichtet war, mit einem dampfenden Gerichte herrlicher Bechamelkartoffeln.

Um 7 Uhr 45 Minuten erfolgte der Aufstieg. Der „Phönix" nahm seinen Kurs in die durch die Piloten erkundete Richtung und erreichte bereits nach wenigen Minuten die tiefliegenden Wolken, in die wir jedoch nicht eher eintraten, als bis wir einwandsfrei Fahrtrichtung und Fahrtgeschwindigkeit festgestellt hatten. Nach etwa einer halben Stunde war dies geschehen, und nun stiegen wir weiter auf in die bleigrauen Wolkenschichten hinein, aus denen ununterbrochen feiner Schnee herunterfiel. Auf 600 m Höhe befand sich der „Phönix" im Gleichgewicht. Wir ließen ihn in dieser Höhe zunächst fortsegeln, da wir durch zahlreiche Wolkenrisse hindurch die Erde erkennen und so unsere Fahrtrichtung nachprüfen konnten. Wir flogen mit erheblicher Geschwindigkeit, denn wir legten in der Sekunde etwa 12 m zurück. Hiernach konnte die Fahrt, wenn sie bis zum Abend dauerte, eine sehr ausgedehnte werden.

Nachdem unsere zahlreichen Instrumente in Ordnung gebracht waren und die regelmäßigen Ablesungen an ihnen begonnen hatten, ging es weiter in die Höhe. Der Schnee hatte sich in dicken Mengen auf den Ballon gelagert, so daß es einer erheblichen Ballastabgabe bedurfte, um weiter nach oben vorzudringen. Auch die schweren Wolkenschichten stellten sich dem weiteren Aufstiege widerstrebend entgegen, so daß wir nur langsam höher kamen. So hatten wir erst nach fast einstündiger Fahrt in 1200 m Höhe die untere mächtige Wolkendecke durchbrochen und befanden uns nun in einer wolkenfreien Zone. Über uns befand sich eine zweite, ebenfalls sehr dichte Wolkenschicht. Auch diese ließ uns nur ungern nach oben, und über 200 kg Ballast waren bereits verausgabt, als wir in 2500 m Höhe zeitweise die Sonne durch den Wolkenschleier hindurchschimmern sahen. Diese zweite Wolkenschicht, welche etwa bis zu 3000 m Höhe reichte, war auch von Schnee erfüllt, der in feinen Kristallen dauernd um unseren Korb herum= wirbelte und durch sein ununterbrochenes Flimmern unsere Augen stark anstrengte. Das Thermometer war auf —16° C gesunken, und diese Kälte begann mir um so unangenehmer zu werden, als ich erst vor kurzem einen schweren Influenzaanfall überstanden hatte. Ich fühlte mich noch durchaus als Rekonvaleszent. Nur die Lockung der Teilnahme an einer Hochfahrt hatte es vermocht, daß ich dem Krankenzimmer entflohen war, doch nun mußte ich meinen Übermut büßen. Starkes Herzklopfen stellte sich bei mir ein, und leichter Schüttelfrost erschütterte meinen Körper, so daß ich die herrlichen Eindrücke unserer interessanten Fahrt zeitweise kaum zu empfinden vermochte. Je höher wir stiegen, desto gewaltiger wurden diese Eindrücke. Das Geräusch der Erde war längst verklungen. Wir fuhren in majestätischer Stille dahin und erblickten, nachdem wir auf 4000 m Höhe auch die zweite Wolkenschicht durchbrochen hatten, den tiefblauen Himmel über uns, an dem die Sonne als eine rötlich leuchtende Scheibe erglänzte. Eine wohltuende Wärme erfüllte mit einem Male den Körper, so daß der Unterschied gegen die bisherige Kälte, die uns in den Schneewolken umgab, ein sehr erheb= licher war. Unter diesen Umständen erholte ich mich bald wieder und sah mit Entzücken die herrlichen Wolkengebilde, welche sich in verschiedenartigster Form, den Schneegipfeln eines Hochgebirges gleich, rings um uns her auf= türmten. Man kann sich keinen Begriff von der Eigenartigkeit eines solchen Bildes machen, wenn man es nicht selbst gesehen hat. Die scharfen Licht= effekte der weißschimmernden Wolkenspitzen, die hart angrenzend an die dunklen Schatten der tief einschneidenden Wolkentäler in der strahlenden Sonne eine Farbenwirkung ohne gleichen bieten, sind von großartiger Schönheit. Nie kann man auf der Erde solche Gebilde erblicken!

Es war mittlerweile Mittag geworden, und Hunger regte sich. So rüsteten wir denn unser Mahl und sprachen fleißig dem schmackhaften Gerichte zu, das uns in so gütiger Weise mit auf den Weg gegeben war. Trotz der uns umgebenden Kälte von 21° C waren die Kartoffeln so heiß geblieben, daß wir Anstand nahmen, sie sofort zu essen. Nach einiger Abkühlung mundeten

sie uns vortrefflich. Ein Glas Sekt, das wir auf das Wohl der verehrten
Spenderin tranken, erfrischte uns und gab neue Kraft zu weiterem Aus=
harren in dieser majestätischen Höhe. Erst nachdem wir dort oben unsere
sämtlichen Beobachtungen und Aufzeichnungen gemacht hatten, dachten
wir an den Abstieg.

Langsam nur fiel der „Phönix" durch die dicken Wolkenschichten hindurch,
bis er auf 1800 m Höhe abgefangen wurde. Wir steckten noch in den Wolken, da
drang zu uns ein eigenartiges starkes Rauschen herauf, das sich fast anhörte,
wie das Brausen des Meeres. Aber wie sollten wir wohl über den Ozean
gekommen sein, da wir unsere Fahrt doch in rein südlicher Richtung be=
gonnen hatten? Wenn es auch wohl vorkommen kann, daß die Wind=
strömungen oberer Luftschichten den tiefer befindlichen völlig entgegen=
gesetzt sind, so durften wir in unserem Falle doch nach der Wetterlage der
letzten Tage mit Bestimmtheit annehmen, daß wir in großer Höhe einen
entgegengesetzten Kurs nicht einschlagen würden. Wir wurden auch bald
aus jedem Zweifel gerissen, als wir deutlich die Klänge einer Konzert=
kapelle hörten, die gewiß nicht auf einem Ozeandampfer zu vermuten war.
Unsere Annahme, daß wir uns wohl über einem der böhmischen Badeorte
befinden würden, bewahrheitete sich sehr bald, als wir durch Wolkenrisse
hindurch die Erde wieder zu Gesicht bekamen. In reißender Geschwindig=
keit fuhren wir über eine herrliche Landschaft dahin, in der Berg und Tal,
Wald und Feld, Straßen und Wasserläufe miteinander abwechselten. Lieb=
liche Ortschaften lugten aus tiefen Tälern hervor. Soweit das Auge reichte,
war die Gegend in ein schneeiges Winterkleid gehüllt.

Der Anblick dieses Bildes war ungemein fesselnd, je länger wir ihn in
uns aufnahmen, desto mehr entzückte er uns. Das Rauschen, welches wir
bereits in der Höhe empfunden hatten, nahm an Stärke zu, und wir er=
kannten, daß der auf der Erde herrschende Sturm weit stärker war, als
die Luftströmung, in der wir uns befanden. Und doch sausten wir bereits
mit der Schnelligkeit eines Eilzuges über diese schöne Gegend einem Ge=
birgszuge entgegen, den wir unschwer als den Böhmer Wald erkannten.

Unser Ballon hatte im Verlaufe der Fahrt soviel Gas verloren, und
unser Ballastvorrat war so zusammengeschrumpft, daß wir kaum hoffen
durften, die Kammhöhe des Gebirges noch zu überfliegen. So beschlossen
wir denn, wenn auch nur ungern, gegen $^1/_2 3$ Uhr nachmittags nach etwa
7stündiger Fahrt zur Landung zu schreiten. Da wir uns mit großer
Schnelligkeit dem Gebirge näherten, so war keine Zeit zu verlieren. Über
einem ausgedehnten Waldrevier setzte der Schleppgurt auf die Baumkronen

auf, über die wir in etwa 30 m Höhe dahinjagten. So überflogen wir einige tief eingeschnittene Feldschluchten, in denen eine Landung unmöglich war, und fanden endlich ein geschütztes Wiesenfeld, in dem unser umsichtiger Führer mit hervorragender Gewandtheit den „Phönix" glatt und sicher zur Erde brachte.

Wir landeten im Tal des Amselbaches in einer weltfernen Gegend. Nicht weit von unserem Landungsplatze klapperte eine einsame Wassermühle, sonst war weit und breit von menschlichen Niederlassungen nichts zu sehen. Es dauerte lange, bis wir Hilfskräfte fanden, die uns beim Verpacken des Ballons behilflich waren, und erst gegen Abend erschien ein Wagen, der den „Phönix" an die nächste Eisenbahnstation bringen sollte. Wir selbst machten uns zu Fuß auf den Weg und erreichten bei einbrechender Dunkelheit das böhmische Städtchen Plan, in dem wir in einem freundlichen Wirtshause gute Aufnahme fanden. Durchfroren von der herrschenden eisigen Kälte während unserer Fahrt, empfanden wir die Wärme des Kaminfeuers in der Wirtsstube ungemein angenehm. Aber dieses Wärmebedürfnis rief die Unzufriedenheit eines anwesenden Gastes in hohem Maße hervor. Er tadelte uns laut und meinte, daß so junge Leute wie wir nicht so empfindlich sein sollten. Als wir dem Biedermanne erzählten, daß wir 4000 m hoch in der Luft gewesen seien und dort 21° Kälte ausgehalten hätten, verbat er sich derartige Scherze. Erst nachdem er unseren auf dem Wagen verladenen Ballon gesehen hatte, ließ er sich davon überzeugen, daß wir ihm die Wahrheit gesagt hatten. Nun verbreitete sich das Gerücht von unserer Ankunft schnell im Orte, und bald erschien der unvermeidliche Zeitungsreporter, der uns über unsere Erlebnisse gründlichst ausfragte.

Am nächsten Morgen traten wir mit der Eisenbahn die Rückreise an, die wir in Eger für einige Stunden unterbrachen. Dort wurden wir von den österreichischen Kameraden der Garnison auf das Liebenswürdigste aufgenommen und bewirtet, so daß unsere Fahrt auf diese Weise einen vortrefflichen Abschluß fand.

Nie habe ich die Großartigkeit der Wolkengebilde schöner gesehen, als auf dieser Fahrt, und nie habe ich tiefere Eindrücke von meinen ferneren Luftreisen im Kugelballon mit nach Hause gebracht.

Seitdem ich aber mit dem Grafen Zeppelin gefahren bin, weiß ich, daß eine Fahrt im Motorluftschiff noch viel reizvoller und interessanter ist, als ein Flug ins Ungewisse.

von Rieber.

Abb. 133. Oberstleutnant Moedebeck.

Eine Schreckensfahrt.

Am 22. Januar 1890 meldete die deutsche Seewarte über die Wetter=
lage folgendes: Ein Minimum unter 730 mm liegt über Schottland, auf
seiner Südseite stürmische westliche Winde hervorrufend, während ein neues
Minimum westlich von Irland herannaht.

Ich war damals Premierleutnant der Luftschifferabteilung, eine Ballon=
fahrt war am betreffenden Tage festgesetzt, und mir war der Auftrag ge=
worden, mit einem Unteroffizier M. und einem Luftschiffersoldaten Sch.
diese Fahrt zu unternehmen, um diese beiden Neulinge in die Kunst des
Luftschiffens einzuweihen. Es war 12 Uhr mittags; heftig blies der Wind
in Böen aus Südost; in dem Gesparre der großen, eisernen Ballonhalle
zitterten die Wände, wobei sie ununterbrochen laut klirrten. Die Mantel=
zipfel schlugen einem um die Beine, und die an sich schon festsitzende Militär=
mütze mußte man noch halten, um nicht plötzlich barhäuptig das lockige Haar
dem unheimlichen Winde aussetzen zu müssen; aber in der Ballonhalle stand
stolz und majestätisch in voller Ruhe der gefüllte Freiballon „Quirinus"
und um ihn beschäftigt die Luftschiffersoldaten, um alles für die Abfahrt
vorzubereiten. Das Ballonmaterial war damals noch nicht so vollkommen
wie heute. Die Reißleine war noch nicht eingeführt; man arbeitete zum

Entleeren des Ballons nur mit dem oben befindlichen Gasventil und mit dem an einem 60 m langen Tau befindlichen Anker. Was es heißt, mit solchen Apparaten bei lebhaftem Winde zu landen, hatte ich bereits mehrfach erfahren. Ich war mir daher bewußt, daß es heute ganz besonders bunt hergehen würde, wenn wir aus den stürmischen Wolken wieder zur Erde herabkommen würden. Meine erste Sorge war, alles Überflüssige an kostbaren Apparaten zu Hause zu lassen. Ich versah mich nur mit einem Barometer und einem Schleuderthermometer und nahm, was mir besonders für den Sturmwind ratsam erschien, ein umfangreiches Kartenmaterial mit. Nach sorgfältigem Abwiegen des Ballons innerhalb der schützenden Halle befahl ich meine Mannschaft in den Korb, sah noch einmal persönlich nach, ob alles in Ordnung war, und flog, nachdem der Ballon schnell herausgebracht worden war, 7 Minuten nach 12 Uhr ab. Die Luftschifferabteilung befand sich damals noch auf dem Tempelhofer Felde bei Schöneberg.

Mit rasender Geschwindigkeit fuhren wir ab in Richtung nach Nordwest. Der Himmel war dicht bewölkt, und ich fand die damals noch unbekannte Erscheinung, daß die Temperatur, welche unten auf der Erde $+ 1^1/_2^0$ C mit dem Schleuderthermometer gemessen worden war, in den Höhen von 800 und 900 m sich auf 3^0 C erhöhte. Die Temperaturumkehr nach der Höhe im Winter unter solchen Verhältnissen ist heute eine bekannte Tatsache, damals aber zweifelte man diese Beobachtung noch an; es gab eben zu jener Zeit noch viele Dinge zwischen Himmel und Erde, von denen sich die Meteorologen nichts träumen ließen. Ich hatte schon erwähnt, daß der Wind ein böiger war. Naturgemäß war auch die Fahrgeschwindigkeit des Ballons, die ich zeitweise an der Hand der Generalstabskarte durch Bestimmen der Orte, welche unsere Fluglinie passierte, feststellte, eine außerordentlich wechselnde. Ich maß Werte von 850 und 2466 m in der Minute oder von 14 und 41 m in der Sekunde.

Mit solcher Geschwindigkeit durch die Luft zu fliegen, eine Meile in 3 Minuten zurückzulegen, ist, wie ich gestehen muß, ein recht angenehmes Gefühl. Die Fahrt war mit einem Worte schneidig! Störend wirkte allein, daß man als Führer unausgesetzt sehr aufmerksam Karte und Gelände vergleichen mußte, um die Orientierung nicht zu verlieren, denn kaum sah man einen Ort, den man bestimmt hatte, vor sich, so hatte man ihn auch in kurzer Zeit bereits passiert und war gezwungen, neue Feststellungen über den Flug des Ballons zu machen. Etwas gemischt wurde das Gefühl auch durch die Sorge: Wie werden wir herunterkommen! Wer, wie ich, schon

ähnliche Fahrten bei heftigem Winde gemacht und über das Landen bei
solchen seine Erfahrungen gesammelt hatte, dem war es bewußt, daß eine
solche Landung, zumal mit zwei Neulingen im Korbe, unter Umständen
recht übel verlaufen konnte, aber im allgemeinen hatte man keine Zeit,
darüber nachzudenken. Die anderen Erscheinungen nahmen meine Auf=
merksamkeit voll und ganz in Anspruch.

Es zeigte sich nämlich, daß der Wind in seiner Geschwindigkeit über
500 m Höhe nicht nur etwas abflaute, sondern auch ganz besonders mehr
nach Osten hin drehte, so daß die anfängliche Flugrichtung nach Hannover
plötzlich sich in eine solche direkt auf die Ostsee nach Pommern hin wandte.
Das war natürlich nicht angenehm; denn dadurch wurde ich vor die Ent=
scheidung gestellt, entweder sehr viel früher zu landen oder einen Flug in
die Ostsee hinein zu riskieren. Vor der Abfahrt hatte ich allerdings durch
eine Wolkenlücke hindurch beobachten können, daß ein höherer Wolkenzug sich
in Richtung nach Nordosten bewegte. Ich glaubte nunmehr zunächst meine
Hoffnung in das Erreichen dieses Wolkenzuges setzen zu sollen und begann
gegen 12 Uhr 15 Min. mit dem Auswerfen von vielem Ballast. Ich schwenkte
damit freilich etwas nach Osten ab, aber doch nicht in der gewünschten
Weise, um vor dem Erkennen der Ostsee eine Richtung auf Westpreußen
erlangen zu können. Mein Flug ging vielmehr jetzt direkt auf Anklam los.
Als ich das übereiste Pommersche Haff in seiner ganzen Ausdehnung zu
unserer Rechten sich ausbreiten sah und am Horizont der Übergang in die
See sich bis in den trüben Dunst des Himmels hinein erstreckte, schien es
mir doch sehr wenig einladend, ein solches Wagnis zu unternehmen. Auch
der Ballast war bis auf wenige Säcke ausgegeben. Die Geschwindigkeit der
Fahrt konnte mir keine Gewähr dafür bieten, daß ich noch länger als zwei
Stunden aushalten könnte, und vor allen Dingen war es ganz unsicher,
in welcher Weise ich weiter nach Osten, mitten hinein in die Ostsee abge=
trieben werden würde.

Mein Entschluß war daher kurz gefaßt: Es wird gelandet! Mein Unter=
offizier mußte das Ventil ziehen, und schneller als ich vermutete, näherte
sich mit rasender Geschwindigkeit in der horizontalen Richtung mein „Quiri=
nus" dem Erdboden. Es war die höchste Zeit, denn nach 15 Minuten mußten
wir nach meiner Berechnung uns im Meere befinden. Da galt kein Säumen,
denn dort konnte die Windstärke nur noch zunehmen. Bei dem Dorfe Alt=
Saniß fand denn der erste fürchterliche Aufschlag des Korbes statt, bei
welchem zugleich verschiedene unserer Ausrüstungsgegenstände und Klei=
dungsstücke über Bord flogen. Der Anker konnte bei der großen Geschwindig=

keit nicht gleich fassen. Ich hielt zusammen mit meinem Unteroffizier das
Ventil weit geöffnet, damit möglichst viel Gas herausgedrückt würde und
der Ballon auf die Erde käme. Zwei darauf folgende schwächere Aufschläge
bewiesen uns, wie der Anker auch mehrmals zu fassen versucht hatte, aber
immer von neuem riß er aus. Schließlich überschlug er sich infolge des
Federns des Taues beim Losreißen, verneftelte sich mit letzterem und hüpfte
nun in großen Sätzen unserem Korbe nach. Wie sich später herausstellte, war
beim ersten Choc ein Ankerarm abgebrochen. Unterdessen hatte sich aber der
Korb auf die Erde gelegt und fing nun an, querfeldein zu schleifen. Der
Ballon vorn als mächtiges Segel, rauschten wir über die gefrorenen Sturz=
äcker dahin, eine famose Fortbewegung, die uns sicher mehr erfreut haben
würde, wenn wir uns nicht in so entsetzlich unbequemer und hilfloser Lage
im Korbe hätten zusammenkauern müssen, um beim Passieren der vielen
Hindernisse nicht hinausgeworfen zu werden. Anfangs waren die Hinder=
nisse nur gewöhnliche Feldgrenzen, die uns gelinde Stöße versetzten, plötzlich
aber kam eine Überraschung! Sehr holprig setzte der Korb über eine schiefe
Ebene großer Findlinge hinweg, um uns kurz darauf durch ein tiefes Wasser=
loch durchzuziehen; bis an die Brust sanken wir in die recht kühle Nässe ein.
Damit wir noch recht zum Genusse dieses Winterbades kamen, verlangsamte
sich in dieser Kule auch unsere Geschwindigkeit um ein Bedeutendes, und
ich hegte schon die Hoffnung, daß wir hier vielleicht das Ende unserer Schleif=
fahrt finden möchten. Aber „Der Mensch denkt und Gott lenkt"! Wir
kamen zum anderen Ufer und gingen wieder über einen Findlings=Pflaster=
berg, und nun weiter vorwärts, im alten lebhaften Tempo! Nunmehr
wurden die Hindernisse ungemütlicher, die Feldgrenzen waren mit Mauern
von Findlingen belegt, welche uns jedesmal recht unangenehme schmerz=
hafte Stöße brachten. Um den Mut meiner Luftschiffer zu heben, stimmte
ich bei jedem Hindernis im Korbe ein lautes Hurra an. Das ging gut, so
lange als diese Hindernisse senkrecht zur Schleifrichtung lagen, schließlich
aber fanden wir eine Findlingsmauer, welche unter einem Winkel von etwa
60° von uns zu nehmen war. Hier setzte die Ballonhülle, die inzwischen viel
von ihrem Gase verloren hatte, aber immerhin ein kräftiges Segel vor=
stellte, noch glatt hinüber, der Korb aber wurde an dieser schrägen Linie
eine Weile entlang geführt und drehte sich dabei, für uns unverhofft, um
180° herum, so daß unsere Köpfe nach unten und die Beine nach oben
kamen. Leider hat aber der Korb auch eine schmale Seite, und beim Um=
drehen waren wir alle selbstverständlich nach dieser schmalen Seite zu=
sammengefallen und lagen nun als ein unentwirrbarer Knäuel von drei

hilflosen Menschen in einer Ecke zusammengekauert, wobei ich selbst das Unglück hatte, als Drehpunkt zuunterst zu liegen zu kommen, so daß ich knapp die nötige Luft zum Atmen hatte. Außerdem war ich mit dem linken Fuß in einer Lage, die eine Sehnenzerrung herbeigeführt hatte.

In dieser hilflosen Lage rief mir mein oben liegender Unteroffizier zu: „Herr Leutnant, der Ballon liegt!" „Sind Leute da?" fragte ich. „Jawohl, er wird gehalten!" „Nun, dann raus, einer nach dem andern!"

Wenn die Not am größten, ist die Hilfe am nächsten! Wären wir in dieser Lage weitergeflogen und an eine neue Steinmauer gekommen, so wären wir zweifelsohne heute nicht mehr unter den Lebenden, denn eingeklemmte Köpfe und Gliedmaßen, welche gegen eine solche Steinmauer, mit der dünnen Korbwand als einzigen Schutz, schlagen, sind für immer dahin.

Wir sahen natürlich fürchterlich aus. Der Korb hatte zahlreiche Ackerschollen eingeschürft. Die Nässe unseres Winterbades hatte zusammen mit der guten Erde Pommerns uns über und über mit einer ungenießbaren Schokoladenschicht überzogen. Unsere Gesichter, unsere Hände waren blutrünstig und abgeschürft, unsere Kleidung zum Teil zerrissen, die Kopfbedeckungen waren verloren. Nachdem ich mich mühsam, mit schmerzendem Fuß, aus meiner Lage befreit hatte und humpelnd die ganze Sachlage untersuchen konnte, stellte ich fest, daß der Ballon einen einsamen Baum gestreift und sich an diesem ein größeres Loch gerissen hatte, aus welchem das letzte Gas entwichen war. Trotz allem hatte das Segel uns noch weiter bis an die Steinmauer gebracht, welche etwa 50 m von jenem Baum entfernt war, und hier war das Umdrehen des Korbes geschehen. Kurz vor uns lag das Dorf Postlow in Pommern. Die biederen Postlower hatten das Niedergehen des Ballons gesehen, waren alarmiert und kurz vor ihrem Dorf zur Stelle, um den Ballon an dem Ankertau zu halten und um den rettenden Baum das Ende des Taues herumzuziehen.

Nachdem wir in aller Ruhe den „Quirinus" zusammengelegt und verpackt hatten, fanden wir in der Wirtschaft des Dorfes eine sehr freundliche Aufnahme und Erquickung. Ein Stück nach dem anderen unserer Ballonausrüstung und unserer Kleidung wurde in recht traurigem Zustande uns wieder zugestellt. Aber vor allen Dingen war es nötig, uns selbst mit trockenen Sachen zu versehen, und da man bekanntlich nichts Überflüssiges mit in den Ballon nimmt, vor allen Dingen nicht eine zweite Garnitur Kleider, so blieb uns nichts anderes übrig, als die Freundlichkeit der Postlower in Anspruch zu nehmen und uns in ein echt Postlower Nationalkostüm als Bauerngutsbesitzer zu verkleiden. Das geschah natürlich in der Wirtschaft öffentlich, in Anwesenheit der gesamten Postlower, besonders auch des weiblichen Geschlechts. Aber man fügt sich schließlich in das Unvermeidliche. Die Unterhaltung war eine äußerst lebhafte, denn jeder einzelne erstattete Bericht darüber, wie er die Landung gesehen und was er gesagt und was er getan hatte. Nachdem ich mich einigermaßen an den Früchten des Landes und an einem guten Kaffee erholt hatte und der Leiterwagen mit dem Ballon vor der Tür stand, verabschiedete ich mich von den braven Pommern, welche mir als Wegzehrung und als Mitbringsel für meine Frau noch einen Sack voll sehr feiner Äpfel abgegeben hatten.

Diese Äpfel mit den Instrumenten bildeten jetzt mein Reisegepäck. Mein Säbel, der zum rechten Winkel umgebogen war, und alle andern nassen Uniformstücke wurden verstaut und nach Hause gesandt, und nun ging's über gefrorene Feldwege mit den bekannten Erschütterungen der federlosen Leiterwagen nach dem Bahnhofe von Anklam. In Anklam wußte man natürlich bereits Bescheid, und es machte kein Aufsehen weiter, als ich mit meinem sonderbaren Kostüm und dem zerschundenen Gesicht in den Warte- saal II. Klasse eintrat. Als ich aber in den vorfahrenden Zug einsteigen wollte, wurde mir doch von den im Abteil bereits befindlichen Fahrgästen sehr energisch zugerufen, hier sei II. Klasse, und verwundert sahen sie mich an, als ich ihnen erwiderte: „Ja, hier will ich eben rein!" Aber solche kleinen Episoden machen gerade das Ballonfahren schön und romantisch.

Oberstleutnant Moedebeck, Berlin.

Wie ich Luftschifferin wurde.

Im Jahre 1890 lernte ich in meiner Vaterstadt Frankfurt a. M. den Luftschiffer Lattemann kennen. Seine Kühnheit und Unerschrockenheit imponierten mir, und als er mich einlud, eine Fahrt mit ihm zu machen, war mein Entschluß gefaßt: ich mußte Luftschifferin werden.

Zuerst machte Lattemann mich mit der Herstellung der Ballons und Fallschirme bekannt. Auf diese Weise wurde ich mit den technischen Hilfs= mitteln, die mit der peinlichsten Vorsicht und Sorgfalt angefertigt werden müssen, vertraut. Diese Vorsicht und Sorgfalt war um so mehr geboten, als es sich namentlich bei den Fallschirmen bei dem geringsten Versehen um Leben und Tod handelte. Die Peinlichkeit ist mir seitdem zur zweiten Natur geworden, und bei Fahrten, die ich bis jetzt unternommen, ist mir deshalb — ich wage es kühn zu behaupten — nie ein nennenswerter Unfall zugestoßen.

Es hat einige Zeit gedauert, bis sich mein Lehrmeister entschloß, mich an seinen Auffahrten teilnehmen zu lassen; denn er war sich seiner Verant= wortlichkeit wohl bewußt. Endlich, im Sommer 1893, durfte ich die erste Ballonfahrt mitmachen. Es war bei einer festlichen Gelegenheit in Nürn= berg. Lattemann wollte dort einen Fallschirmsturz unternehmen und brauchte einen Führer, der den Ballon nach seinem Absturz weiterführen und bergen sollte. Meist ließ er bis dahin den Ballon nach dem Absturz fliegen und erhielt ihn dann häufig in zersetztem Zustande wieder zurück.

Mein sehnlichster Wunsch ging also in Erfüllung. Ich durfte mitfahren. Mir schlug zwar das Herz, doch sagte ich mir: Dein Meister Lattemann hat schon so viele Fahrten unternommen, und es ist ihm nichts dabei zuge= stoßen, weshalb soll es bei dir anders werden? Nach dem Absturz Latte= manns und trotz des herrschenden Windes landete ich denn auch glücklich auf einem Hopfenfelde und brachte auch den Ballon in bester Verfassung nach Hause. Somit war ich bei meiner ersten Fahrt schon Führerin ge= worden. Dieses Prädikat erhält man erst, nachdem man mindestens 6 Fahr= ten mit einem erprobten Führer unternommen hat. Die zweite Fahrt, einige Tage später, vollzog sich ganz in derselben Weise wie die erste, und

bei der dritten wagte ich den Absturz mit dem Fallschirm aus 1200 Meter Höhe. Dieser gelang vorzüglich. Von dieser Zeit an wurde ich Lattemann eine unentbehrliche Hilfskraft.
Bei der nächsten Fahrt in Elberfeld machte ich den Doppelabsturz, und zwar unter widrigen Umständen. Es war ein Regentag, und der Ballon verschwand schon bei 400 Meter Höhe in den Wolken. Obgleich ich absolut nichts sehen konnte, riskierte ich doch den Doppelabsturz, und als die Erde unter mir sichtbar wurde, sauste auch schon der Fallschirm in einen hohen Eichenwald und blieb in den Ästen hängen. Herbeigeeilte Leute warfen mir einen Strick zu, mit welchem ich mich zur Erde hinablassen konnte.

Ich will nun kurz die Technik des Doppelabsturzes erörtern.

Der dem Kunststücke zugrunde liegende Gedanke ist die Wiederholung eines Fallschirmabsturzes vom Luftballon durch einen weiteren Absturz vom entfalteten Fallschirm mittels eines mitgeführten zweiten Schirmes. Hierbei muß man die Vorsicht beachten: die erste Absturzhöhe sehr hoch zu wählen, zirka 1200 Meter, den zunächst zur Entfaltung gelangenden

Abb. 134. Fertig zum Absturz!

Fallschirm entsprechend größer und stärker zu bauen, damit er imstande ist, die größere Last zu tragen, und die Gefahr vermieden wird, daß er bei der Entfaltung, die das Material in hohem Maße beansprucht, zerreißt. Die Technik des Doppelfallschirmes erscheint auf den ersten Blick sehr ein= fach, wenn man aber berücksichtigt, daß hierbei von Kleinigkeiten Leben und Tod abhängt, so wird man zugeben müssen, daß jedes einzelne genau überlegt und mit großer Sorgfalt vorbereitet werden muß. Im allge= meinen hängen beide Fallschirme zusammengerollt an einer Trapezstange, gemeinsam befestigt durch ein um Paket und Stange laufendes Gurtband. Das Gurtband endigt in zwei Ösen. Diese werden durch einen kleinen Ring in der Mitte meines untersten Fallschirmringes durchgezogen und hier mit einem durchgesteckten konischen Holzstift festgehalten. Jeder einzelne Fall= schirm wird sorgfältig lang gefaltet und mit seinem oberen Teil in einen Sack hineingebracht, der ihn wie ein Schirmfutteral vollständig bedeckt. Sodann werden die Fallschirmleinen sorgfältig geordnet und in zwei Hälf= ten geteilt. Diese Leinen werden darauf, jede Hälfte für sich, mit Zwischen= lage von Papier, um jede Vernestelung der Leinen untereinander zu ver= hüten, auf dem Sack nach der Spitze des Fallschirmes ordnungsmäßig hingelegt. Hierauf wird der Sack nach der Spitze zu zusammengerollt; um ein unbeabsichtigtes Rollen zu verhüten, wird um dieses Paket ein breiter Gummigurt gezogen, und der sogenannte Touristenfallschirm ist fertig zum Absprung. Der zweite Fallschirm wird genau in derselben Weise behandelt, nur ist das Paket, anstatt mit Gummi, mit einem festen Gurt geschlossen, genau so, wie beide Schirme zusammen an der Trapez= stange befestigt sind. Am Ringe des zweiten Fallschirmes ist eine Schlinge angebracht, in welche ich mich schon bei der Abfahrt des Ballons hineinsetze. Diese Art Befestigung wende ich an, wenn ich ohne Korb auffahre und den Ballon nach dem Absturz fliegen lasse. Hat der Ballon einen Korb, so wird das Doppelpaket an einer Trapezstange außerhalb des Ringes be= festigt. Ich setze mich alsdann auf den Korbrand, nach außen gekehrt. Das erste Paket ist an der Trapezstange festgebunden, während das zweite an einem Auslösehaken hängt und sich bei meinem Absprung durch die Gewichtsänderung auslöst.

Jetzt kommt für die untenstehenden Zuschauer ein aufregender Mo= ment. Ich schließe die Augen und gleite hinab in die jähe Tiefe. In 3 bis 4 Sekunden saust der Schirm 60 Meter hinunter. Dann bläht sich die seidene Stoffhülle über mir, und die größte Gefahr ist vorüber. Ich pendle verhältnismäßig langsam zur Mutter Erde hinab und bereite mich auf den zweiten Absturz vor, der sich genau in derselben Weise vollzieht.

Wie mir bei den Abstürzen aus so schwindelnder Höhe zumute war? Ich gestehe gern, daß der Entschluß zum Absturz in die Tiefe eine große Überwindung kostet. Bleibt doch stets der Gedanke lebendig, daß irgendwo eine Kleinigkeit übersehen sein könnte, daß das bisher bewährte Material irgendeinen Schaden hat und der gewagte Sprung der letzte sein könnte. Es erzeugt ein gruseliges Gefühl, über das man nur hinübergelangt mit der Erinnerung an das Sprichwort: Dem Mutigen gehört die Welt. So habe ich 65 Abstürze erfolgreich ausgeführt; 442 Mal (bis 22. Aug. 1909) bin ich hinauf in den blauen Äther gestiegen, der manchmal unten von dichten Wolken verhüllt war; über ihnen breitete er sich in seiner ganzen Unvergänglichkeit und Herrlichkeit über mir und meinem gebrechlichen Fahrzeuge aus. Hier sandte die Sonne ihre glänzenden Strahlen auf das Wolkenmeer herunter und schuf, fern von dem Geräusch der Erde tief unter mir, eine Pracht in dem unendlichen Raume, die unbeschreiblich ist.

Käte Paulus.

Abb. 135. Rektor Prof. Dr. Johannes Poeschel.

Eine Dauerfahrt.

Meine interessanteste Ballonfahrt — so bat mich der Herausgeber dieses Buches — möchte ich deutscher Jugend kurz erzählen. Ja, welche soll ich da herausgreifen? Bei reicher Auswahl fällt die Entscheidung nicht leicht, und ihre besonderen Reize hat im Grunde jede Fahrt, selbst wenn sie nur durch schwere Wetterwolken ging und die Reisenden schon nach einer Stunde, wie aus einem Wasserfaß gezogen, zur Landung gezwungen waren. Unsre Jugend erwartet wohl auch, bei solcher Gelegenheit von allerlei Gefahren und wilden Abenteuern zu hören, diese aber zählen hier zu den Seltenheiten. Der Ballonsport ist bei Beobachtung der gebotenen Vorsichtsmaßregeln viel harmloser, als man noch immer gewöhnlich annimmt, und hat viel weniger Unfälle aufzuweisen als z. B. der Automobil= und der Bergsport.

So wähle ich denn kurzentschlossen zur Schilderung meine letzte Ballon= fahrt, weil sie mir in frischester Erinnerung steht; und wenn sie auch keines= wegs zu meinen weitesten gehört, so hat sie doch insofern vor andern etwas voraus, als sie meine an Dauer längste und eine der längsten Fahrten über= haupt war, die je mit deutschen Ballons unternommen worden sind: sie führte in 48 Stunden von Bitterfeld nach der Schweiz und von da durch die Burgundische Pforte nach Besançon.

Am Sonnabend vor Pfingsten, den 29. Mai 1909, stieg der Göttinger Ballon „Segler" 8 Uhr 35 Minuten abends, als nach einem recht heißen Tage die Abkühlung der Luft bereits eingetreten war, bei sehr schwachem Wind in südlicher Richtung auf. Mit mir fuhren zwei Göttinger Herren, von denen jeder in seiner Art wie für diese Fahrt eigens auserlesen war.

Als Dr. Pohlmann, ein junger Neuphilolog, der zwei Jahre jenseits der Vogesen gelebt hatte und das Französische so geläufig sprach wie ein Ein= geborner, sich zur Teilnahme an der Fahrt bei mir meldete, sagte ich zu ihm: „Passen Sie auf, Ihre Sprachfertigkeit werde ich ausnützen und nach Frankreich mit Ihnen fahren!" Das im Scherz Gesprochene wurde zur Tatsache, wie dem Luftschiffer auch sonst oft der Zufall ganz merkwürdig zu Hilfe kommt, und Dr. Pohlmanns Gewandtheit, nicht nur Französisch zu sprechen, sondern auch die Franzosen immer von der rechten Seite zu nehmen, half uns nach der Landung über schwierige Lagen spielend hinweg.

Der andere Begleiter war Sr. Majestät des Kaisers kleinster Leutnant, 1,50 m hoch und nicht schwerer als zwei der grünen Sandsäcke zu 25 kg, die wir als Ballast reichlich mit uns führten. Dem Luftschiffer sagt man's ja nicht mit Unrecht nach, er liebe es, seine Mitmenschen nach Sandsäcken ein= zuschätzen, und bedaure nur, daß er sie nicht gleich jenen nach Bedarf kiloweise ausgeben könne. Wiederholt hatte ich schon bei Wettfahrten Gegner unter den Ballonführern um diesen leichten Reisegefährten beneidet. Nun war ich so glücklich, Leutnant Helmrich von Elgott, der inzwischen sich selbst als Führer mehrfach bewährt hatte und daher auch meine Stellvertretung zeit= weise übernehmen konnte, zu meiner „Korbschaft" zu zählen.

Wir schwebten in der klaren Mondnacht so langsam dahin, daß es oft schien, als rührten wir uns nicht vom Flecke. Helle Lichtstreifen bezeichneten uns die Nähe größerer Städte, hinter uns allmählich verschwindend Bitter= feld, halbrechts von uns Halle, vor uns nach Süden zu Delitzsch und dahinter, immer deutlicher wahrnehmbar, wie ein leuchtender See, Leipzig.

Nach drei und einer halben Stunde, genau um Mitternacht, lag sie unter mir, meine Vaterstadt, mit all den stummen Zeugen glücklicher Stunden, genossener Liebe und Freundschaft, mit ihren Stätten des Leidens und — mit ihren Gräbern. Glocken, die den eben angebrochenen Pfingstsonntag einläuteten, tönten zu uns herauf, von dumpfem Rollen der Eisenbahnzüge begleitet. Es war eine feierliche Stunde: über uns der Sternenhimmel, unter uns das Lichtermeer der Weltstadt. Über die östlichen Vorstadtdörfer bewegten wir uns hinweg, aber auch von da aus ließ sich selbst in der Nacht, an den Linien der künstlichen Beleuchtung, der innere Kern der Stadt, die

alte Feste Leipzig erkennen. Doppelreihen elektrischer Bogenlampen mit
ihrem sanften rötlichen Schein verrieten den Ring der Anlagen, die an die
Stelle von Wall und Graben getreten sind; ein Gewirr unregelmäßiger
Straßen füllt ihn aus. Die neueren Teile der Stadt zeigen, und zwar am
ausgeprägtesten im Süden, lange gerade Straßen, die sich rechtwinklig
schneiden, von dem weißen Glühlicht der Gaslaternen erhellt. Sehr scharf
treten mit ihren roten und grünen Signallichtern die zahlreichen und aus=
gedehnten Bahnhofsanlagen hervor, zumal im Nordosten der Stadt, dem
Gebiete des künftigen Hauptbahnhofs. Wir kreuzen die Bahn, die ostwärts
führt nach dem trauten Städtchen im Muldentale mit der altehrwürdigen
Schule St. Augustin, der meine Arbeit während der Hälfte meines Lebens
gewidmet war.

Unter solchen Eindrücken kostet es Entsagung, die Führung des Ballons
nicht zu vernachlässigen, diese aber war während der ganzen Nacht und auch
während der folgenden Tage nicht leicht: je geringer die wagrechte Luft=
bewegung ist, um so lebhafter pflegt die senkrechte zu sein, auf= und ab=
steigende Ströme erfordern die volle Aufmerksamkeit des Führers, wenn er
eine plötzliche unliebsame Berührung mit irdischen Gegenständen vermeiden
will.

Als gegen drei Uhr der Morgen dämmerte, waren wir nicht weiter als
85 Kilometer von unserm Aufstiegsorte entfernt, über Schmölln im Herzog=
tum Sachsen=Altenburg, eine Strecke, die ich bei einer früheren Fahrt in
einer einzigen Stunde zurückgelegt hatte. Überall begann es jetzt in der
Natur sich zu regen. Die Vögel erwachten und stimmten ihre Kehlen, das
Wild suchte seine Futterplätze auf, und fröhliche Menschen, die zu einem
Pfingstausflug ausrückten, riefen uns grüßend an. Sie hatten einen langen
Tag vor sich, der unsre aber war noch weit länger, vor 22 Stunden hatte er
begonnen, und 68 Stunden im ganzen sollte er dauern.

Dem Tale der Pleiße aufwärts folgend näherten wir uns wieder dem
Königreich Sachsen. Crimmitschau und Werdau blieben zu unsrer Linken,
Greiz im Tale der Elster, die Hauptstadt des Fürstentums Reuß älterer
Linie, tauchte zu unsrer Rechten aus dem Morgennebel auf. Von den be=
rühmten beiden Riesenviadukten der Bahnlinie Altenburg—Plauen über=
flogen wir den nördlicheren, die Göltzschtalbrücke mit ihren gewaltigen vier
Bogenreihen übereinander, im Tale darunter schlummerte noch das gewerb=
fleißige Mylau mit seinem alten Kaiserschloß.

Die Geschwindigkeit hatte sich inzwischen etwas gesteigert, bis zu 23 Kilo=
metern in der Stunde. So glitten die reizvollen Landschaften des wald=

reichen Vogtlandes jetzt rascher unter uns dahin bis zum südlichsten, auf drei Seiten vom Böhmerland umgebenen Zipfel Sachsens, die Städte

Abb. 136. Windung der Saale, unweit Pößneck. Höhe ca. 1000 m. Aus: Silberer, 4000 km im Ballon (Leipzig, Otto Spamer).

Adorf und Markneukirchen, deren Musikinstrumente in alle Welt ausgeführt werden, das liebliche Bad Elster, mir durch einen Kuraufenthalt im vorigen

Sommer besonders vertraut, und der mächtige, der Landesschule St. Afra
gehörige Brambacher Forst. Wir fuhren tief genug, um durch Zuruf Grüße
an liebe Freunde bestellen zu können.

Über einen kleinen Ausläufer böhmischen Landes, östlich an Asch, westlich
an Franzensbad vorbei, über die vielgewundene dunkle Eger und ein Stückchen
Fichtelgebirge ging's ins Tal der Nab und die bayrische Oberpfalz auf die
Stadt Weiden zu. Hätten wir den Kurs ein wenig westlicher gehabt, so wären
wir um diese Zeit dem Grafen Zeppelin begegnet, der am Abend vorher
fast gleichzeitig mit uns in seinem Luftschiff Z. II. von Friedrichshafen aus
zu 38stündiger Dauerfahrt nach Leipzig und Bitterfeld aufgestiegen war
und sich jetzt auf dem Wege von Nürnberg nach Bayreuth befand. Man hat
unter irriger Berufung auf die Wetterkarten behauptet, Zeppelin sei dabei
immer mit dem Winde gefahren, jeder Freiballon, der zu derselben Zeit
aufgestiegen wäre, hätte den gleichen Weg nehmen müssen. Die Haltlosigkeit
dieser Annahme konnte durch nichts gründlicher widerlegt werden als durch
den Flug unsres „Seglers", der allerdings bis zum Rhein beinahe dieselben
Gegenden berührte, nur in umgekehrter Richtung!

Über der Oberpfalz flaute der Wind mehr und mehr ab, senkrechte Strö=
mungen führten uns in raschem Wechsel hinauf und hinab, und Wolken,
die anfangs nur den Horizont umsäumt hatten, zogen sich um uns zusammen,
säulenartige Gebilde quollen aus ihnen heraus, die Luft wurde immer
schwüler und Donner vernehmbar. In solchem Falle heißt es vorsichtig sein
für den Luftschiffer, hatte ich doch selbst im gewitterreichen Juli des Jahres
vorher in 3000 m Höhe eine elektrische Entladung des Korbes erlebt und
mein Begleiter dabei einen leichten Schlag erhalten. So ließ ich denn beim
Kirchdorfe Pittersberg nordwestlich von Schwand den Ballon fallen, Land=
leute zogen ihn auf unsre Bitte am Schlepptau vollends herunter, bis der
Korb auf einer Wiese den Boden berührte. Kein Lüftchen regte sich, und eine
Bruthitze lastete auf der Landschaft, jeden Augenblick konnte das Gewitter
losbrechen. Gleichwohl konnten wir uns nicht entschließen, den Ballon zu
entleeren und die Fahrt zu beenden. Also abwarten und — Kaffee trinken!
Rasch waren Tisch und Stühle vom nächsten Gute herbeigeschafft, eine ge=
fällige Bäuerin kochte uns den ersehnten Labetrank, dazu spendete sie frische
Gebirgsmilch und Butterbrot, es mundete köstlich nach den Anstrengungen
der durchwachten Nacht. Die Einwohnerschaft der benachbarten Dörfer
hatte sich um uns versammelt, alle feiertäglich gekleidet, alle voller Freude
über die unerwarteten Pfingstgäste, die der Himmel selbst ihnen gesandt
hatte.

Nach fünfzig Minuten begann die Gewitterstimmung in der Natur sich zu lösen, und der Wind frischte auf. „Einsteigen in der Richtung Regensburg, Freising, München!" „Achtung, anlüften!" Unsre biedern Oberpfälzer gehorchten dem Kommando so pünktlich und geschickt, als hätten sie alle bei der Münchner Luftschifferabteilung gedient. Der Ballon hob sich nach geringer Ballastabgabe vom Boden. „Laßt los!" und begleitet von den Grüßen, dem Mützen= und Tücherschwenken unsrer Gastfreunde schwebten wir sanft empor. Und richtig, zwei Stunden später, gegen drei Uhr nachmittags, überflogen wir bei Regensburg die Donau zwischen der Einmündung von Regen und Nab. Über Freising und München dagegen sollten wir nicht kommen. Der Wind nahm eine immer mehr südwestliche Richtung an und führte uns abends 8 Uhr bei Pfaffenhofen über die Ilm.

Die zweite Nacht brach herein. Über der sowieso eintönigen Bayrischen Hochebene breiteten sich dichte Nebel aus, auf denen unser Ballon lange Zeit im Gleichgewicht schwamm, während bis dahin die Vertikalbewegung sehr unregelmäßig gewesen war. Genauere Ortsbestimmungen wurden unmöglich, über uns aber wölbte sich klarer Sternenhimmel. Unser „Segler" trieb immer mehr westwärts, das konnten wir feststellen, als wir in der ersten Stunde des Pfingstmontags, über dem Lech stehend, fern im Süden unsrer Fahrtrichtung einen großen hellen Lichtstreifen entdeckten: Augsburg.

Was wir am Tage vorher nicht genießen durften, der Anblick des Sonnenaufgangs, wurde uns diesmal in wunderbarer Schönheit zuteil. Als ein feiner, blutigroter Streifen wurde sie zuerst in den Nebeln des östlichen Horizonts sichtbar. Dann, immer mehr zur Scheibe sich rundend, bahnte sie sich siegreich ihren Weg durch die starke Dunstschicht, so daß wir dem Schauspiel, ohne geblendet zu werden, in seinem ganzen Verlauf mit den Augen folgen konnten. Erst als sie den obern Rand des Wolkenschleiers erreicht hatte, trafen ihre grellen Strahlen uns und unsern Ballon, dessen Wasserstoff, von ihnen erwärmt, sich ausdehnte und unser luftiges Fahrzeug immer höher emportrug. Kurz vor fünf Uhr stießen wir wieder auf die Donau, deren Lauf wir einige Kilometer südlicher schon längere Zeit in entgegengesetzter Richtung gefolgt waren.

Eine unregelmäßig malerisch aufgebaute Stadt liegt vor uns, in ihrer Mitte eine riesige gotische Kirche mit einem den ganzen übrigen Bau über= ragenden Hauptturm. Mauern, Gräben, Wälle und Türme umgeben die Stadt, vor ihnen wieder lagert ein Kranz von Vorwerken. Es ist die württem= bergische Festung Ulm und auf dem linken, bayrischen Donauufer Neuulm. Hier war's, wo ich einst als Student ein heiteres Erlebnis hatte. Bei einem

Spaziergang auf den Höhen über der Stadt hatte ich, ohne es selbst zu be=
merken, schon zum zweiten Male das Festungsglacis betreten. Ehe ich mich's
versah, war ich verhaftet. Eine Patrouille vom nächsten Vorwerk mit auf=
gepflanztem Seitengewehr schaffte mich mittags um 12 Uhr, als der Verkehr
auf den Straßen am lebhaftesten war, nach der Hauptwache unweit vom
Münster und von da nach dem Polizeiamt. Der Polizeikommissar musterte
mich zunächst mit strengen Blicken, fällte aber nach Durchsicht meiner Stu=
dentenkarte und kurzer Unterhaltung mit mir das liebenswürdige Urteil:
„Ha, da zahle Se ebe zwei Mark", und ich war wieder frei.

Für unsern „Segler" gab es jetzt kein Halten mehr, er stieg höher und
höher, bis er etwa um 9 Uhr vormittags die größte Höhe der ganzen Fahrt,
3600 m, erreicht hatte; auf dieser erhielt er sich mit geringen Schwankungen
stundenlang. Wir waren recht froh, daß weiteres Steigen unterblieb. Bei
der herrschenden warmen Witterung und starken Sonnenbestrahlung waren
wir schon darauf gefaßt gewesen, daß wir am dritten Tage unsrer Fahrt bis
zu 5000 m und darüber hochgezogen würden, wo das Atmen ohne mit=
geführten Sauerstoff erschwert ist. Wir dankten diesen glücklichen Umstand
einer technischen Neuerung, die sich vortrefflich bewährte.

Von Ulm bewegten wir uns über den Höhen des Schwäbischen Jura
scharf nach Westen bis zu dem großen württembergischen Truppenübungs=
platz Münsingen, über den einige Stunden später nach glücklicher Über=
windung des Unfalls bei Göppingen auch Graf Zeppelin auf der Rückfahrt
nach dem Bodensee kommen sollte. Obwohl wir auch jetzt, südlich der Rauhen
Alb, nur mit mäßiger Geschwindigkeit vorwärts kamen, war es doch bei dem
in unsrer Höhe gewaltigen Umfang des Gesichtskreises unmöglich, die zahl=
losen in Tälern und auf Bergeshöhen gelegenen Ortschaften und Burgen
mit Hilfe der Karten festzustellen. So viel war uns gewiß: sie endigten fast
alle auf — ingen! Mit Sicherheit erkannten wir südlich von Hechingen auf
steilem Bergkegel die Burg Hohenzollern.

Zum dritten Male näherten wir uns, und zwar jetzt wieder von Nord=
osten kommend, der Donau, die, je weiter aufwärts wir sie sahen, immer
mehr den Charakter eines romantischen, in vielfachen Windungen durch
Felsen sich zwängenden Gebirgsflusses zeigte. Von Tuttlingen an hielten
wir uns eine lange Strecke ihr zur Seite. Unter uns im Süden dehnten sich
ganze Reihen vulkanischer Kuppelberge von Basalt und Klingstein, die das
Mittelalter mit Burgen und Klöstern gekrönt hatte. Manche von ihnen sind
jetzt noch, wenn auch nur in Trümmern erhalten: Hohenhöwen, Hohenstaffeln,
Hohenkrähen, und hätten nicht Wolken die Aussicht immer mehr gehindert,

Abb. 137. Dorf mit Flüßchen. Höhe 200 m.
Aus: Silberer, 4000 km im Ballon (Leipzig, Otto Spamer).

wir hätten auch den Hohentwiel sehen müssen und die kaum 25 Kilometer ent=
fernten Buchten des Schwäbischen Meeres, den Überlinger und den Zeller See.

Dagegen ragten aus den Wolken am südlichen Horizont immer deutlicher
weißschimmernde Spitzen hervor. Anfangs hatten wir auch sie für aben=
teuerlich gestaltete Wolken gehalten, aber sie veränderten ihre Formen nie,
es war kein Zweifel mehr: unser Blick fiel auf die Schneegipfel der Alpen.
So vermag von Norden her nur der Luftschiffer sie zu schauen: die vor=
liegenden niedrigen Kalkalpen waren dem Auge entzogen, und nur die Kette
des hohen Urgebirges mit ihren Gletschern und ihrem ewigen Schnee,
jetzt im Mai noch vermehrt durch Neuschnee, waren sichtbar. Dieser Anblick,
der in seiner überwältigenden Schönheit von Stunde zu Stunde sich steigerte,
war das Erhabenste, was die ganze lange Fahrt uns bot. Am allergreifend=
sten wirkte er in Frankreich: wie seltsame Gebilde aus blendendweißem
Marmor hoben sich die ohne Unterbrechung aneinandergereihten Gipfel
und Grate von dem tiefblauen Himmel ab, das Berner Oberland und
am weitesten nach Südwesten das Massiv des Mont Blanc. Obwohl wir
vor unsrer Landung wieder 150 Kilometer von ihnen entfernt waren, er=
schienen sie uns bei der Klarheit der Luft doch zum Greifen nahe.

Auch die Landschaften unter uns wurden immer anziehender und groß=
artiger, es war der südliche Teil des Schwarzwaldes, über den wir flogen.
Eine vortreffliche Orientierungsmarke bot uns der längliche, tief einge=
schnittene Schluchsee, dem die zum Rheine eilende Schwarza entströmt.
Der schmucke Badeort, über dem wir soeben uns befinden, mit dem stolzen
Kuppelbau in der Mitte ist St. Blasien im Albtal, etwas westsüdwestlich
davon Todtmoos am Fuße des Hochkopfs. Vor uns bauen sich die höchsten
Erhebungen des Schwarzwaldes auf, Feldberg und Belchen, die tiefe Spalte
dahinter birgt das breite Rheintal nordwärts von seinem Knie bei Basel
an, und jenseits davon steigen die Vogesen empor.

Von Todtmoos aus fliegen wir zwischen Wehra= und Wiesetal dem oberen
Rheintale in seiner ostwestlichen Erstreckung zu. Bei Schopfheim und
vollends bei dem gewerbtätigen Lörrach hört der Gebirgscharakter der
Landschaft auf. Freilich die zunehmende Bewölkung unter uns gestattet
nur vereinzelte Durchblicke auf die Erde, aber auch dieses hastige Sichformen
und Umformen der Wolken, die unendliche Mannigfaltigkeit ihrer Ge=
staltung entzückt das Auge immer aufs neue. Was ließe sich allein davon er=
zählen, aber — ich muß mich ja kurz fassen!

Bei Rheinfelden trägt uns der „Segler" zur Mittagsstunde des Pfingst=
montags über den gefeierten Strom selbst, dessen Anblick jedem Deutschen
das Herz höher schlagen läßt, gleichviel wo er auf ihn trifft. Jünglingsfrisch
stürzt er sich hier schäumend über Felsen, tief eingebettet zwischen deutscher

und Schweizer Erde. Von Eglisau bis in die Gegend von Basel bildet er die Grenze zwischen den beiden Ländern. Zum zweiten Male auf dieser Fahrt sind wir also nunmehr im Auslande. Hätten wir den Wunsch gehabt, unsern Ballon nachfüllen zu lassen, so wäre noch auf badischer Seite die beste Gelegenheit dazu gewesen. Dieselbe Chemische Fabrik Griesheim bei Frankfurt a. M., deren Filiale Elektron II in Bitterfeld uns den Wasserstoff geliefert hatte, besitzt auch in Badisch-Rheinfelden eine Zweiganstalt. Aber wir dachten gar nicht an eine solche Möglichkeit. Trotz 40stündiger Fahrt hatte der Ballon an seiner Tragfähigkeit nichts eingebüßt, prall schwebte die mächtige gelbe Kugel von 1437 Kubikmetern Inhalt uns zu Häupten.

Eine halbe Stunde später schauten wir zwischen Wolkenballen und Wolkenfetzen hindurch auf Basel herab. Unweit der alten hölzernen Rheinbrücke erhebt sich eine gedrungene rote Steinmasse mit zwei Türmen, das Münster, himmelweit verschieden von dem bei all seiner Größe doch schlanken und feingegliederten Bau, den wir vorher in Ulm gesehen hatten. Daß auch Basel einst Festung war, zeigt uns, wie in Leipzig, die Anlage der Spazierwege um die innere Stadt.

Unsre Fahrtrichtung wendet sich wieder scharf nach Südwesten, wir kommen über Lauffen an der Birs. Das erfüllt uns mit zuversichtlicher Hoffnung, bei Sonnenuntergang in der Schweiz, etwa am Genfer See zu landen. Denn nach Frankreich, dessen Grenze wir hier bedenklich nahe sind, wollen wir keinesfalls, da dort die Regierung von jedem innerhalb ihrer Grenzen landenden ausländischen Ballon einen hohen Zoll erhebt.

Die Wolken unter uns schließen sich, fast zwei Stunden lang sehen wir nichts mehr von der Erde, es sind zwei Stunden gespannter Erwartung. Wo wird die nächste Nacht uns finden? In der gastlichen Schweiz oder — dort, wo wir nicht hinwollen? Da senkt sich der Ballon, wir machen keinen Versuch, seinen Fall durch Ballastausgabe zu bremsen, er durchschlägt die dichte Wolkenschicht, über der wir in strahlendem Sonnenschein geweilt hatten. Ein Fluß mit vielen Windungen zeigt sich, an ihm ein stattlicher Ort. Schon ahnen wir nichts Gutes. „Comment s'appelle cette ville?" „Audincourt." Der Fluß war der Doubs.

Da hatten wir die Bescherung! Die östlichen Züge des Schweizer Jura, der 1000 m hohe Mont Terrible und seine westliche Fortsetzung, die Montagnes du Lomont, hatten die Luftströmung westwärts abgelenkt. Wir waren in Frankreich südöstlich von Montbéliard, dem einstigen Mömpelgard der alten Freigrafschaft Burgund, dessen Schloß noch im Januar 1871 in den Kämpfen bei Belfort der Werderschen Armee zum Stützpunkt gedient hatte. Eine künstliche Wasserstraße, die den gewundenen Lauf des Flusses streckenweis gradlinig begleitete, erwies sich als der Rhein-Rhone-Kanal.

Noch war es ja möglich, daß der Wind seine frühere Richtung wieder aufnahm und uns in die Schweiz zurückführte; aber wir hofften umsonst! Ganz langsam trieben wir das Tal des Doubs abwärts, lange Zeit nur hundert Meter über der Talsohle, so daß wir die Anmut seiner saftiggrünen Wiesen, seiner Wälder und felsigen Hänge wie bei einer Fußwanderung auf uns wirken lassen konnten.

Über dem Städtchen Baume-les-Dames standen wir in einer Höhe von 2500 m anderthalb Stunden lang fast unbeweglich und konnten die Gips- und Marmorbrüche seiner Umgebung in Muße betrachten. Dann trieb es uns den Doubs aufwärts nach Besançon zu. Waren wir im ersten Teile unsrer Fahrt den Spuren eines großen Zeitgenossen, des Grafen Zeppelin, gefolgt, so hatten wir jetzt Gelegenheit, eines großen Mannes der Vorzeit zu gedenken, Cäsars und seiner Feldzüge in Gallien; waren wir doch aus dem Lande der Helvetier in das Gebiet der Sequaner vorgedrungen und schauten nun ihre Hauptstadt am Dubis, Vesontio, in deren Besetzung Cäsar seinem germanischen Gegner, dem Suebenkönig Ariovist, zuvorkam.

Gas und Ballast hätten auch noch für eine dritte Nacht ausgereicht, aber es trat nun doch, namentlich beim Führer, eine empfindliche Abspannung ein. Unser Korb war herzlich unbequem, nur 1 m breit und 1,75 m lang, mit einer einzigen kleinen Sitzgelegenheit, unter und auf der wir noch unsere unentbehrliche Habe hatten verstauen müssen, so daß keiner von uns auf der ganzen Fahrt mehr als hie und da einige Minuten leicht geschlummert hatte. So führte ich zuletzt mit der Uhr in der Hand, um genau nach 48 Stunden die Fahrt zu beenden. Durch Ventilzug gingen wir bald nach 8 Uhr auf 100—200 Meter herunter, eine lebhaftere Strömung ergriff uns dort und brachte uns nordwärts ins Tal eines Nebenflusses der Saône, des Ognon, bekannt durch den Sieg der zweiten badischen Brigade unter General Degenfeld bei Etuz am 22. Oktober 1870.

Etwas östlich davon zwischen den Dörfern Perrouse und Cromary im Kanton Rioz, Arrondissement Vesoul, Departement Haute Saône, landeten wir glatt Punkt 8 Uhr 35 Minuten nach deutscher Zeit. Die nächste Eisenbahnstation, wo wir tags darauf unsern Ballon aufgaben, hieß Devecey.

Was wir nun auf französischem Boden erlebten, das zu schildern würde allein den ganzen mir zur Verfügung gestellten Raum füllen. Darum nur wenige Andeutungen! Die Landbevölkerung nahm uns freundlich auf und leistete uns bereitwillig Hilfe, die Behörden begegneten uns mit großer

Artigkeit, mußten uns aber, ihrer Dienstanweisung gemäß, den gefürchteten „Zoll" abnehmen; er betrug, nach Umfang und Gewicht der einzelnen Teile unsres „Seglers" genau berechnet, 522 Frcs. 80 c. Ob wir ihn wieder= bekommen? Auch z. B. für Fahrräder und Automobile wird Eingangszoll erhoben, aber zurückgezahlt, wenn man nachweist, daß sie aus dem Lande wieder ausgeführt sind. Unsere Verhandlungen darüber sind noch nicht abgeschlossen.

Bei der Durchsicht des Materials an der Grenze stellte sich heraus, daß in unserer Abwesenheit aus dem Ballonstoff ein Stück herausgeschnitten war, und daß man Platten und Films unsrer photographischen Apparate vernichtet hatte. Doch kann dies recht wohl das Werk eines einzelnen Fanatikers gewesen sein, der sein Vaterland durch uns bedroht glaubte. Es liegt uns fern, dies den französischen Behörden zur Last zu legen.*)

---

*) Fünfzehn andere Ballonfahrten des Verfassers sind geschildert in dem bei Fr. Wilh. Grunow in Leipzig erschienenen Buche „Luftreisen" von Johannes Poeschel, die Fahrt nach Besançon in einer besonderen Schrift von Dr. Pohlmann „Zwei Tage und zwei Nächte im Ballon" (Leipzig, Volger).

Prof. Dr. Johannes Poeschel, Meißen.

Ein Flug auf dem Harlan-Eindecker.

Am Nachmittage des Himmelfahrtstages 1911 startete ich auf dem Flug=
platz in Chemnitz bei klarem, ruhigem Wetter zum Überlandfluge nach
Dresden auf einem Harlan=Eindecker mit 80 PS. Argusmotor. Die Maschine

stieg leicht auf 300 m. In wundervoller Fahrt flog ich über die schluchten=
reichen Gelände auf Flöha zu. Im Genusse der herrlichen Fahrt schwelgend,
bemerkte ich plötzlich zu meinem Schrecken, daß ich sehr viel Kühlwasser
verlor, da, wie sich später herausstellte, die Monteure einen Wasserhahn
unachtsamerweise nicht gesichert hatten. Ich kehrte also um und suchte den
Flugplatz Chemnitz wieder zu erreichen; infolge des Kühlwassermangels
ging aber die Tourenzahl des Motors zurück, so daß ich mich bei Euba zur
Landung entschloß. Ein scheußlich welliges Gelände, wo sich dem Flieger
allerhand unangenehme Überraschungen bieten! Eine sogenannte „Eier=
landung" war auf dem sehr unebenen Kartoffelfeld mit tiefen Furchen, auf

dem ich landete, nicht zu erzielen, und nur der soliden Bauart der Maschine habe ich es zu verdanken, daß sie nicht völlig in Trümmer ging.

Der kleine Fehler wurde also in Ordnung gebracht, und kurz nach 7 Uhr abends war mein Luftvehikel wieder flugbereit. Um 7 Uhr 10 Minuten, erhob ich mich zum zweitenmal und war bald wieder in 300 m Höhe. Inzwischen war es windig geworden. Über einer Schlucht schüttelten mich tüchtige Böen, aber der brave Eindecker kämpfte sich durch. Im rasenden Fluge ging es nun über Oderan nach Freiberg zu. Die Fernsicht war leidlich gut. Ich war auf ungefähr 600 m gestiegen und konnte in vollen Zügen das sich mir bietende Landschaftsbild genießen, denn in dieser Höhe ist noch deutlich jeder Gegenstand unten zu erkennen. Vor mir Freiberg mit seinen zahlreichen Fabrikschornsteinen, links die riesenhafte Halsbrücker Esse, im Hintergrunde der weit ausgedehnte Tharandter Wald. So schnell sauste der Eindecker mit mir dahin, daß das Landschaftsbild wie im Panorama an mir vorbeizog. Schon war ich an Freiberg vorbei, schon flog ich am Nordrande des Tharandter Waldes entlang, da tauchte am Horizont die Elbe mit zahlreichen Brücken auf. Jetzt wußte ich, daß ich bald am Ziele war. Bald hatte ich die Altstadt von Dresden erreicht und flog quer über Dresden dem Flugplatze zu. Über dem Flusse hatte ich sehr schwer mit Wirbelwinden zu kämpfen, die mein Flugzeug von allen Seiten bedrängten. Aber sieggewohnt bot der Harlan-Eindecker den Winden die Stirn, und um 7 Uhr 44 Minuten überflog ich auf der Vogelwiese das Startband. 75 km in 34 Minuten! Der Flug von Chemnitz nach Dresden wird mir unvergeßlich bleiben

Reinhold Jahnow.

Mit Lindpaintner im Flug über die Lüneburger Heide*).

Ein trüber, regenschwerer Morgen brach an, als wir um 4 Uhr als erste
den Flugplatz Lüneburg verließen. Der Regen, der uns anfangs in schweren
Tropfen entgegenpeitschte, und die tiefhängenden Wolkenbänke, die jedes
Orientieren auf weitere Entfernungen unmöglich machten, stimmten uns
recht kleinmütig. Wir hatten wieder, statt den Schienensträngen der Bahn
zu folgen, die Luftlinie gewählt, und diese führte uns bald von Lüneburg
über die endlose, wegearme Heide, in der eine Notladung zum mindesten
die Zertrümmerung des Apparates zur Folge hat. Ginster und Heidekraut
wuchern auf durchweg leicht gewelltem Gelände, das noch dazu von großen
Sumpf= und Moorflächen durchsetzt ist. Mag es Zeiten geben, in denen
der Naturfreund auf dieser Heide entzückt umherwandert, und tausend Leute,
die in diesen Zeiten die Schönheit der Heide tief empfinden: heute hat sie
beim Überfliegen auf mich den alleröbesten Eindruck gemacht. Weithin
eine traurige, eintönige Fläche, auf der die Wälder kaum hervortreten,
durchzogen von sandigen, verfahrenen Karrenwegen, die sich an Tümpeln
und Mooren vorbei durch die Heide schlängeln. Auf uns hat das Stück Land
deprimierend gewirkt und ich bin fest überzeugt, daß Lindpaintners Er=
schöpfung teilweise diesem Natureindruck zuzuschreiben ist. Freilich hatten
auch die stürmische Fahrt und der Kampf mit den Winden ihr gut Teil
Schuld daran. Heftiger Regenwind mit Regenböen, die uns infolge der
großen Eigengeschwindigkeit wie Kieselhagel ins Gesicht schlugen, wechselten
mit stürmischen Windböen, die das Flugzeug wild hin und her warfen.
Mit einem plötzlichen Ruck hob der Wind den Apparat, um ihn darauf in
einer Sekunde wieder 5—10 m so heftig nach unten zu werfen, daß wir von
den Sitzen gehoben wurden. Der Motor arbeitet noch glänzend: Trotzdem

____

*) Aus dem Rundflug um den B. Z.=Preis der Luft. Mit Genehmigung der
„B. Z. am Mittag".

können seine 70 PS. dem Apparat keine Stabilität mehr verleihen — der wechselnde Winddruck ist zu heftig. Der Regen, der längst durch die Kleider= hüllen gedrungen, beschlägt die Brillen und verwischt mir die Karte, in die ich mit roter Tinte Luftlinie und Kilometermarken eingetragen hatte. Die Schwierigkeit der Orientierung, die ohnedies über der Heide sehr groß war, steigert sich bedeutend.

Zusammengekauert und erschöpft sitzt Lindpaintner am Steuer: „Mir geht es sehr schlecht, ich kann nicht mehr, ich muß landen," ruft er zurück. Ich setze mein Sprachrohr an und rede ihm eifrig zu, alle Kräfte noch einmal zusammen zu nehmen, wir hätten ja nur noch 40 km; auch könnten wir jetzt nicht landen, da die Heide unter uns läge — wir müßten weiter. In meiner Tasche finde ich einen Klumpen erweichter Schokolade; ich gebe sie ihm vor, er nimmt sie auch, schüttelt aber immer noch auf mein Zureden den Kopf. Doch sehe ich, wie der Apparat steigt und den nächsten Wald überfliegt; es geht seinem Führer also doch wieder besser. Schon liegt Celle wieder links von uns, nur noch 35 km trennen uns von Hannover. Das Wetter hat sich etwas gebessert, wenn auch über den Wäldern noch heftige Böen den Apparat wie eine Barke auf stürmischer See auf und nieder werfen. Da plötzlich geht es mit rapider Geschwindigkeit abwärts, ein Zylinder hat ausgesetzt und jäh schießt der Apparat auf 300 m hinab; un= heimlich pfeift es in den Spanndrähten, und die Geschwindigkeit nach abwärts nimmt zu mit dem Schwächerwerden der Motorarbeit. Der Zufall bringt uns über eine ebene Wiese, auf der in einer scharfen Kurve Lind= paintner durch eiserne Ruhe und erprobtes Können den Apparat in glatter Landung aufsetzt. Wietzenbruch, 4,5 km westlich Celle!

Bald war die Nachricht unserer Landung in Celle verbreitet, und in dichten Scharen strömte Militär und Bürgerschaft von der Stadt hinaus. Die Schulen wurden geschlossen, und bald umstand unseren Apparat ein dichter Jugendkreis, der dankbar für den durch unsere Landung erreichten schulfreien Tag immer wieder in begeisterte Rufe ausbrach. Wir selbst waren weniger entzückt von unserer Notlandung, fanden aber in der un= beschreiblich herzlichen Gastfreundschaft des Pächters von Wietzenbruch einen Trost in unserem Leid. Nach einem fürstlichen Frühstück verwahrte ich Lindpaintner sorgsam in dem Fremdenzimmer und gab telephonische Weisungen an unseren bewährten Mechaniker, der aus Lüneburg Ersatz für das geborstene Auspuffventil brachte. 10 Uhr 30 Minuten starteten wir unter dem Jubel einer vielhundertköpfigen Menge, um auch das letzte Viertel der Etappe hinter uns zu bringen. Leider hatte sich der Himmel schon wieder verfinstert, und nach wenigen Minuten fuhren wir in einen heftigen Regen hinein, der uns die letzten 20 km sehr sauer machte, zumal ihn wieder tückische Windstöße begleiteten. Tief unten im Moos lag Voll= möllers „Taube" mit Motordefekt; einige Stunden vorher hatte sie unseren Landungsplatz bei Celle stolz überflogen; jetzt glich sie einem toten Falter, der in einen Ameisenhaufen gefallen ist — so viele Leute hatten sich bereits um den Apparat versammelt. Noch 15 km! Durch den Regenstreifen blickt ein weißer Streifen in der Ferne — das müssen die Zelte des Flugplatzes von Hannover sein. Bald kommen wir in die Nähe, und um 11 Uhr 15 Minuten landen wir nach einer eleganten Wendung glatt vor den Tribünen, vom Publikum lebhaft begrüßt.

Leutnant Hailer.

Die Flugschule der Gesellschaft „Flugmaschine Wright" und Eindrücke beim ersten Aufstieg im Wright-Flugzeug.

Über die weite Fläche des Flugfeldes Johannisthal weht ein frischer Wind mit einer Stärke von 5—6 Sekundenmetern, und die Sonne schaut auf das eifrige Leben und Treiben in der Flugschule der Gesellschaft „Flugmaschine Wright" herab. Die weitgeöffneten Schiebetore des geräumigen Hallen=schuppens gewähren einen Blick in das Innere, wo Monteure dabei sind, eine Flugmaschine ins Freie zu rollen. Die Halle bietet Raum für 5 Flug=zeuge mit ihren 12,5 m klafternden Flächen, wobei noch genügend Platz übrig bleibt, wenn der Apparat zwecks Ausführung von Mechaniker= und Monteur=arbeiten herumgedreht werden soll. An den Seiten der Halle bemerkt man in mustergültiger Ordnung die verschiedensten Werkzeuge und Werkzeug=maschinen für Reparaturen an den Flugapparaten.

Schon in den frühen Vormittagsstunden beginnt die Wright=Flugschule die intensive Arbeit. Die Flugmaschinen werden auf das Feld gerollt, um dem theoretischen Unterricht sowie dem praktischen Fluge zu dienen. Ergänzend hierzu erhalten die Schüler genaue Unterweisung in der ge=samten Montierung und Demontierung der Apparate in den Werkstätten der Gesellschaft in Reinickendorf. Hier werden sämtliche Neubauten, Ver=besserungen und Ingenieurarbeiten ausgeführt, die nach Fertigstellung auf dem Flugplatze praktisch durchgeprobt werden.

Vor jedem Fluge wird der gesamte Apparat von den Mechanikern und Monteuren bis in die kleinsten Einzelheiten geprüft, woran sich der Pilot natürlich kontrollierend beteiligt; kein noch so unauffälliger Spanndraht wird hierbei vergessen. Nachdem Benzin= und Ölbehälter ihre vorgeschrie=bene Füllung bekommen haben, beginnt die Motorprobe. Zwei Monteure treten an die Schraubflügel, um sie nach taktmäßigem Zählen bis drei und damit verbundenen leichten Rucken mit einem kräftigen Zug bei drei an=zuwerfen. Der Pilot gibt hierbei Zündung, und der Motor springt an. Jede mündliche Verständigung in der Nähe der Maschine ist jetzt durch das starke Geräusch der herumwirbelnden Luftschrauben und der Auspuffe des Motors nur noch im Schreiton möglich, da letztere im Gegensatz zum Automobil ohne dampfenden Auspufftopf, der zwecks Gewichtsersparnis fehlt, direkt ins Freie gehen. Läuft der Motor zur Zufriedenheit, so wird zum Start geschritten.

Nachdem Pilot und Schüler auf bequemen Sitzen mit Rückenlehne und Fußstemmbrett Platz genommen haben, gibt der Pilot das Flugzeug durch Lösen einer Sperrvorrichtung frei, die Luftschrauben fangen an zu treiben, und nun stürmt der Apparat auf seinen Rädern mit fortwährend zunehmender Eile, schließlich mit Schnellzugsgeschwindigkeit, über das Feld. Der Fahrwind wird schneidend, und man bereut es nicht, eine Autobrille zum Schutze für die Augen aufgesetzt zu haben. Am Boden ist kein Halm, kein Steinchen mehr zu unterscheiden, auch die Gegenstände seitlich rasen vorbei. Immer toller wird die Fahrt, zeitweise wiegt sich das Flugzeug in seinen federnd aufgehängten Rädern in der Vertikalen, wenn es über eine Boden= welle rollt. Die Dauer der Rollfahrt auf dem Erdboden richtet sich nach den Windverhältnissen. Kann das Flugzeug direkt gegen den Wind starten, so kann schon nach rund 30—40 m am Höhensteuer gezogen werden, der Auf= trieb beginnt. Andernfalls verlängert sich der Anlauf auf rund 60—70 m, beim Anlauf mit dem Winde auf noch mehr. Ohne irgend ein körperliches Gefühl des Unbehagens hervorzurufen, hebt sich das Flugzeug, gehorsam dem Zug am Höhensteuer, empor. Ganz gegen alle Erwartungen beginnt jetzt ein Gefühl der vollkommenen Sicherheit, das sich immer mehr steigert, je höher man ansteigt. Der vorbeirasende Erdboden, der beim ersten Flug stets etwas beklemmend wirkt, ist verschwunden, und ein ganz neuer, un= geahnter Eindruck an seine Stelle getreten. Der Apparat fliegt ohne jede stoßende Erschütterung mit Leichtigkeit und Eleganz durch den Raum und entfesselt staunende, unendliche Begeisterung in dem Fliegenden. So sieht das Beförderungsmittel der Zukunft aus, frei im unendlichen Äther schwimmend, frei wie der Adler seine Kreise zieht. Der Blick schweift in weite Fernen und sieht schließlich unter sich Menschen in ihrer Kleinheit, wie sie emporblicken, mit den Händen winken und Tücher schwenken. Aber unbekümmert steigt das Fahrzeug nach dem Willen des Piloten höher und höher in die erste Kurve. Ein leichter Druck am Seitensteuer — und die weiten Flächen schwenken herum, dabei je nach der Absicht des Führers eine mehr oder weniger nach innen geneigte Schräglage einnehmend. Nach vollführter Schwenkung richtet sich die Maschine ruhig und sicher wieder auf. Windströmungen wiegen wie kosend die gewaltigen Flächen leicht hin und her, die Gegenstände auf der Erde werden kleiner und kleiner und scheinen, je höher man kommt, immer träger vorbeizugehen, was sich aus der Änderung des Sehwinkels erklärt. Schließlich bekommt man das Gefühl,

als ob die Flugmaschine langsamer fliegt, ebenso wie ein Eisenbahnzug trotz großer Eigengeschwindigkeit dem weit entfernt Stehenden wie eine Schnecke zu kriechen scheint. Ein fortwährendes Singen und Klingen in den vielen Spanndrähten der Maschine infolge des scharfen Windes, der die Wangen rötet, erinnert an die große Geschwindigkeit des Flugapparates, der im 80=Kilometertempo seine Kreise beschreibt. Kurve auf Kurve wird mit gleichmäßiger, ruhiger Gewißheit stets unter dem annähernd gleichen Neigungswinkel genommen. Unter uns beschreibt ein Eindecker von Ettrich=Rumpler seine engen Kurven, dessen Führer das Pilotenpatent er=werben will und vor einer sportlichen Kommission aufgestiegen ist. — Gleich=mäßig arbeiten die vier Zylinder des Motors im Takte und gleichmäßig drehen sich die beiden Luftschrauben, die beiden Tragflächen Runde auf Runde durch die Luft treibend. Es ist durchaus möglich, während des Fluges Beobachtungen mit schöner Schrift aufzuschreiben sowie Krokis zu zeichnen; ebenso bietet das Photographieren keinerlei Schwierigkeiten, kinematographische Aufnahmen werden sogar ganz hervorragend gut. Da bei dem neuen Wright=Maschinentyp das früher vorn angebrachte zwei=flächige Höhensteuer nach hinten in Form einer einzigen, spindelförmigen Fläche verlegt ist, wird der Ausblick nach vorn durch nichts mehr behindert.

Der Abstieg geht aus größeren Höhen durch Betätigung des Höhen=steuers in mehreren Spiralen vor sich. Es muß hervorgehoben werden, daß auch bei ganz schrägem Herunterkommen sich kein unbehagliches Gefühl bei dem Fliegenden einstellt, die Füße stemmen sich nur mechanisch fester gegen das Stemmbrett, und der Rücken legt sich mit größerem Druck an die bequeme Rückenlehne. Bei einer Höhe von rund 20—30 m über dem Erd=boden verringert der Pilot mit Hilfe eines Fußhebels entweder die Gas=zufuhr zum Motor, oder ein Schlag auf die in Reichhöhe befindliche Schnur hält den Motor gänzlich an. Der Gleitflug beginnt. Die plötzlich einsetzende Stille kommt einem ungewohnt vor, man hört das starke Rauschen der durch die Luft gleitenden Tragflächen, das bisher von dem Motorgeräusch über=tönt wurde. In schrägem Abwärtsflug läßt der Pilot den Flieger bis auf 2—3 m über den Erdboden hinabgleiten, um dann mit dem Höhensteuer, das jetzt wieder auf Horizontalfahrt gestellt wird, den Flug abzufangen. Hierdurch wird gleichzeitig etwas Vorwärtsbewegung vernichtet, und un=merklich setzen die Räder auf den Boden federnd auf. Nach einer Aus=laufstrecke von rund 20 m steht das Fahrzeug still auf der Erde; der jetzt herrschende Wind erscheint lächerlich, das Gesicht glüht infolge der starken Luftbewegung beim Fliegen. Der Gesamteindruck war gewaltig und nicht ohne Gemütsbewegung verläßt man nach dem ersten Flug den Sitz, um dem Piloten die Hand zu reichen. Man hat die Erkenntnis gewonnen, wie ge=waltig der menschliche Geist vorwärts strebt, um immer mehr die Wunder der Naturkräfte zu erkennen.

W. Lenk=Berlin.

Orientierung im Luftmeer.*)
(Mit Büchner auf dem Rundflug um den B. Z.-Preis der Lüfte.)

Mit zwei Etappen liegt bereits am dritten Tage des Rundflugs eine
Leistung hinter uns, die unter zum Teil schwierigen Witterungsverhält=
nissen, allerdings bei verhältnismäßig günstigem Gelände, fast die gleiche
Kilometerzahl erreicht hat, wie die Gesamtleistung der Sachsenwoche.

In dem Rahmen einer durch großzügige Propositionen und Arrange=
ments glänzenden Veranstaltung hatten wir den unvergleichlichen Genuß,
an der Landeshauptstadt vorbei, über Brandenburg, das Elbetal und
über Mecklenburg dahinzusteuern; es sind Bilder von wunderbarer, un=
vergleichlicher Schönheit, oben viele hundert Meter über der Erde im Voll=
gefühl des Menschenkönnens und seiner Kraft, wie unter uns die Adern
der Riesenstadt im Morgendunst sich teilen, wie die Havelseen und ihre
dunklen Kiefernränder zwischen den vibrierenden Stangen und Drähten
der Maschine hindurchzittern, das silberne Band der Elbe Welle für Welle
unter uns hinzieht oder hinter schwarzem Waldkomplex Schwerin mit
seinem Seekranz in roter Abendsonne kündet: Willkommen, ihr seid am
Ziel!

Und neben all dem Wunderbaren das, was die Veranstalter und wir
alle wollen: reiche, immer neue Erfahrungen, aus denen wir Neues schaffen
wollen zum Fortschritt. Heute will ich nur einiges herausgreifen; es betrifft
Orientierung, Beobachtung und Landungsmöglichkeiten der Flugmaschine.

Wie im Freiballon, repräsentiert sich naturgemäß das Gelände dem
Beobachter im Flugzeug genau wie auf der Karte, nur daß es in seinen
Farbentönen und Formen weit plastischer wird; bei gutem Wetter und
genauer Karte ist die Orientierung also denkbar leicht. Überraschend ist

---

*) Aus dem Rundflug um den B. Z.-Preis der Lüfte. Mit Genehmigung der
„B. Z. am Mittag".

allerdings, wie wenig man Berg und Tal in Höhe und Tiefe beurteilen kann, wie bald Schluchten und Abgründe, von oben gesehen, den Charakter ihrer Gestalt verlieren; je größer die Höhe, um so mehr verschwinden die Unterschiede.

Die sicherste Karte ist wohl die Generalstabskarte 1 : 100 000, auf der man zur größeren Klarheit zweckmäßig Wälder und Chausseen sowie Eisenbahnen in Bunt anlegt. Nach ihr fährt man genau, wie der Fußgänger sich auf der Erde orientiert. Ein deutlicher Strich, in der Regel die Luftlinie, bezeichnet die Route; sie wird in der Weise eingehalten, daß man unter Zuhilfenahme von markanten Punkten, wie Chaussee=kreuzungen, Eisenbahnen, Flüssen, deren charakteristischen Biegungen, Brücken, Waldecken usw. dauernd den Flieger dirigiert. Obwohl eine Verständigung nur durch Winke möglich ist, da der Lärm des Motors jedes Wort verschlingt, kann man diese Linie mit Abweichungen von höchstens 300—500 Meter innehalten.

Es ist dabei ein grundsätzlicher Fehler, auch nur einen Augenblick nicht zu wissen, über welchem Punkt der Karte man sich befindet. Darum möchte ich auch die Theorie verwerfen, nur nach Richtungspunkten zu fahren, das heißt, sich eine Reihe von weit sichtbaren Punkten zu merken, auf die man hintereinander lossteuert. Es kommt zu leicht vor, daß diese Punkte von oben auf einmal nicht mehr zu sehen sind; Türme, Kirchen, hohe Baum=gruppen, Berge, auch Fesselballons sind bei großen Höhen oft sehr schwer zu erkennen, da sie nicht, wie für den Fußgänger, sich vom Horizont ab=heben, sondern für die Beobachtung von oben in der gleichfarbigen Um=gebung verschwinden. Wie oft habe ich z. B. Aussichtstürme auf Bergen ausgesucht und sie erst mit vieler Mühe entdeckt als kleine schwarze Punkte, nur dadurch erkennbar, daß in der Regel kreisförmig die Waldblöße sie umgab. Dazu kommt, daß Nebel, ev. Wolken oder Sturm und anderes, vorübergehend jede Aussicht nehmen können und außerdem das Aussuchen der einzelnen Richtungspunkte ein genaues Abfahren der Strecken er=fordert. Das aber kann unmöglich nach dem Sinne derer sein, die ein Fort=schreiten in der Verwendung von Flugmaschinen haben wollen. Wie der Kavallerist in Feindesland, so soll auch das Flugzeug in unbekanntem Ge=lände mit Hilfe der Karte seinen Weg finden lernen.

Das Fahren lediglich nach dem Kompaß ist praktisch undurch=führbar, da Seitenwind die Maschine aus der Richtung abtreiben kann, ohne daß die Magnetnadel eine Abweichung zu zeigen braucht; der Kom=paß hat eine Bedeutung nur als Notbehelf im Nebel, in dem natürlich mangels Beobachtung ein Fahren nach der Karte zeitweise unmöglich werden kann. Bei klarem Wetter ist selbst in größeren Höhen je nach Bauart der Flugzeuge und Anbringung der Sitze die Beobachtungsmöglichkeit eine gute. Ob damit die Voraussetzung für eine gute militärische Aufklärung gegeben ist, möchte ich aber doch bezweifeln. Charakteristisch in dieser Hinsicht ist, daß man vor der Ankunft am Ziel der Etappe neben den hellen Flugzeugschuppen zuerst die Menschenmassen erkennen kann. Man sieht aus einer Höhe von 600 bis 1000 Meter wohl auch den einzelnen, seine Bewegungen, ich möchte sagen, in horizontaler Richtung — man sieht einen einzigen Punkt, der sich bewegt. Was er macht, wie er aussieht, Farbe der Kleidung ist nicht zu erkennen. Daraus möchte ich schließen, daß in der Aufklärung die Flugmaschine vorläufig nur bestimmt sein kann, die großen Veränderungen beim Gegner festzustellen. Versammlung, An= marsch von Kolonnen, ihre Stärke und Zusammensetzung, Biwaks u. dgl. werden zu erkennen sein, weniger die Einzelheiten einer feindlichen Stellung.

Hochinteressant waren mir aber vor allem die Zwischenlandungen, die wir auf den beiden ersten Etappen vornahmen. Als wir in zirka 600 Meter auf 1½ km vor dem Magdeburger Flugplatz angekommen waren, blieb infolge Benzinmangels mit einem Ruck (merkwürdigerweise) der Motor stehen. Büchner parierte geschickt, und mit unverminderter Geschwindig= keit sausten wir im Gleitfluge nach unten. Die Situation war folgende: vor uns ein Eisenbahndamm, in senkrechter Richtung unsere Fahrt schnei= dend, dahinter hohe Getreidefelder, durch die ein schmaler Feldweg schräg und im Bogen nach links abführte. Mit meisterhafter Geschicklichkeit machte Büchner eine Kurve, und ohne Stoß, ohne den geringsten Flurschaden rollte der Apparat auf dem Wege aus. Herzueilende Bauern brachten Benzin, und in 20 Minuten rollte von derselben Stelle, auf dem Wege, der nur für das Fahrgestell der Maschine Platz bot, der Apparat an, um nach einer Minute glatt in Magdeburg zu landen.

Auf der Fahrt nach Schwerin platzte in der Höhe von Osterburg das Benzinrohr; der Motor setzte aus, und wieder begann der Gleitflug. Es war einfach bewundernswert, mit welcher Ruhe Büchner nunmehr, um Knicks und Zäune zu vermeiden, in verschiedenen Kurven, ohne Motor= kraft, im Gleitfluge das Gelände nach einer geeigneten Landungsstelle absuchte, um dann wiederum auf einem freien Feld junger Rüben glatt zu landen. — Der Schaden wurde an Ort und Stelle ohne Monteure mit= tels Gummischlauch repariert, die Fahrt aber wegen starken Regens nicht fortgesetzt. So stand der Apparat von morgens 9 Uhr bis abends 5 Uhr im Regen, der ihm vermöge eines Zellulonanstrichs wenig anhaben konnte.

Als wir auf der Weiterfahrt gegen 6 Uhr abends den Wald südlich von Schwerin erreichten, kamen wir in heftige Gewitterböen, deren Erreger, eine dunkle Wolke, von rechts nach links vor uns vorbei zog. Diesen auszuweichen ging Büchner wiederum herunter, suchte und fand einen idealen Landungsplatz, auf dem er glatt landete. Wir brauchten etwa 15 Minuten Aufenthalt, um das Gewitter vorbei zu lassen und stiegen dann sofort wieder auf. Diese drei Zwischenlandungen beweisen, was heute bereits mit einer Flugmaschine zu machen ist.

Leutnant Hans Steffen.

Hellmuth Hirth über seinen Flug (um den Kathreiner-Preis) von München nach Berlin.

„Es war eine wunderbare Fahrt, besonders auf der Strecke Nürnberg—Leipzig. Die Luft war zwar etwas dunstig, aber prachtvoll ruhig, so daß ich ganze Etappen lang das Steuer loslassen, Zeitungen lesen und Zigaretten rauchen konnte. Nur über dem Fichtelgebirge, besonders als wir über die tieferen Einschnitte hinwegfuhren, hatten wir einige kleinere Böen zu bestehen.“

„Ja,“ warf Dierlamm ein, der behaglich seinen Sekt schlürfte, „so schlimm wie auf der Tour von München bis Tauberfeld hatten wir es nicht. Dort fuhren wir durch einen wüsten Wolkenbruch, so daß wir bis auf die Haut durchnäßt wurden und der Apparat durch die auf= und absteigenden Luftströmungen des Gewitterregens noch toller als jemals ein Segelboot im Sturme auf= und abgerissen wurde. Und dann die Landung bei völlig undurchsichtigem Wetter. Das war eine Meisterleistung Hirths!“

Hirth blickt geradeaus, als er sich so loben hört, und fügt hinzu: „Es war a Viecherei. Grad über einem Wald hört mir der Motor auf zu laufen, und ich rufe Dierlamm durch den Telephonschlauch zu, daß wir nicht über den Wald hinwegkommen und landen müssen. Ich drossele also meinen Mercedes ab, und da packt der Wind uns und reißt uns bei abgedrosseltem Motor in einem Zug 300 Meter in die Höhe. Schließlich aber landeten wir in einem Gerstenfeld ganz glücklich. Wie gesagt, heute hatten wir es besser... Aber da muß ich Ihnen doch erzählen, wie es uns bei der Landung auf dem Nürnberger Flugplatz ging. Es hatten sich etwa 20 000 Menschen eingefunden, die uns erwarteten. Solange wir nicht in Sicht waren, hielten sie sich gehorsam hinter der Militärkette, als wir aber niedergingen, durchbrachen sie den Kordon und stürmten den Flugplatz. Ich wußte gar nicht, wo ich landen sollte, aber es ging schließlich ganz glatt.

„Ich habe“, fuhr Hirth fort, „natürlich die ganze Nacht nicht geschlafen und heute früh sind wir um 4 Uhr 27 Minuten mit fliegendem Start von

Nürnberg aufgestiegen. Nachdem wir ein paar Kreise beschrieben hatten, überschritten wir das weiße Band und traten die Fahrt in der Richtung auf Leipzig an. Wir hielten uns in einer Höhe von etwa 850 Meter und hatten außer dem schon Berichteten ausgezeichnetes Wetter. Nur einmal schien mir eine Dichtung nicht zu halten, ich rief darum Dierlamm zu, er solle sich darum bemühen, den Schlauch zu umbinden. Er erhob sich von seinem Sitz und beugte sich bis weit über die Brust vor, daß ich schon glaubte, er würde heruntersegeln. Da zuckte er zusammen, er hatte einen Schlag von der Zündkerze erhalten, zog sich zurück und verhielt sich ganz ruhig auf seinem Platz. Bald aber konnten wir uns wieder nett und freundlich unterhalten trotz der ungeheuern Geschwindigkeit, mit der wir nach Leipzig schossen. Wir machten etwa 110 km in der Stunde.

Alles unter uns blieb zurück. So e D-Zügle! Wir konnten's bald nimmer sehe. Auch ein Automobil wollte uns begleiten, aber o weh, wo kam das hin. 6 Uhr 50 Minuten erreichten wir Leipzig und landeten auf dem Flugplatz, trotzdem einige heftige Böen den Apparat ins Schaukeln brachten.

Ich fühle mich nach dieser Fahrt eigentlich ganz gut, nur ein bißchen müde und entsetzlichen Durst. Die letzte Strecke von Leipzig war auch eine ungeheure Anstrengung. Der Wind sprang uns in so heftigen Böen an, daß es manchmal war, als ob dicke Klötze auf unsere Flügel geworfen würden.

Aber mein Gehör ist fast vollständig weg. In den Ohren schaffen noch alle vier Zylinder. Ich kann Ihnen nur sagen, ich war froh, als ich die Schuppen des Flugplatzes von Teltow gesichtet hatte. Denken Sie sich, daß wir von Leipzig bis nach Groß-Lichterfelde in 1 Stunde 13 Minuten gefahren sind, also ein Durchschnittstempo von 120 Kilometer in der Stunde! Dann bogen wir ab nach Johannisthal, und dort packte uns der Wind von der Seite und warf uns in unerhörter Weise hin und her. Schließlich kamen wir denn doch glücklich auf die Erde. Wir haben also mit allen Landungen und allem Aufenthalt die Strecke von München bis Berlin in 14$\frac{1}{2}$ Stunden zurückgelegt, wovon wir, wie oben bemerkt, 5 Stunden 41 Minuten wirkliche Fahrzeit hatten. Die Gesamtentfernung von München bis Berlin beträgt 535 km, so daß also ein Durchschnittstempo von genau 100 km in der Stunde herauskommt."

Buch der Erfindungen

Ausgabe in einem Bande

unter Mitwirkung von

Professor **Dr. Lassar-Cohn** und Hauptmann a. D. **Castner**

bearbeitet von

Zweite Auflage **Wilhelm Berdrow** Zweite Auflage

Mit 705 Text=Abbildungen und 8 teils mehrfarbigen Tafeln :: Geb. M. **10.**—

Für den weitesten Kreis der nach Bildung Strebenden, insbesondere für die heranwachsende Jugend, fehlte bisher ein Buch, das, flott geschrieben, in übersehbarem Umfange und in großen Zügen das Wesentliche aus all dem vielgestaltigen Betriebe unseres gewerblichen und industriellen Lebens gab. Ein solches liegt hiermit vor. Der als Schriftsteller vorteilhaft bekannte Verfasser, der in hervorragendem Maße die Gabe einer populären Darstellung, lebendige und anschauliche Sprache besitzt, hat, klaren Blicks und fester Hand das Wesentliche vom Unwesentlichen trennend, in einem etwa 90 Bogen fassenden Bande eine Übersicht über die Entwicklung und gegenwärtige Gestaltung unsrer gesamten Gewerbe und Industrien, unter Berücksichtigung aller Errungenschaften bis auf die jüngsten Tage, gegeben, wie sie in solcher Gediegenheit nirgends existiert.

Die Illustrierung ist ungewöhnlich reichhaltig und wird den allerhöchsten Ansprüchen gerecht. Über 700 vortrefflich ausgeführte Textabbildungen und acht zum Teil mehrfarbige Beilagen begleiten und erläutern das geschriebene Wort und erhöhen den Wert, sowie die praktische Verwendbarkeit des prächtigen Buches, welches jedermann eine unerschöpfliche Quelle der Belehrung darbietet. Dem Industriellen wie dem Kaufmann, dem Lehrer und dem Künstler wird es unentbehrlich sein. Insbesondere sei es auch als Geschenkwerk für die heranwachsende Jugend empfohlen, für welche es keinen besseren Lese= und Belehrungsstoff gibt.

Zentrifugensaal einer Zuckerfabrik.

Springer-Verlag Berlin Heidelberg GmbH

Die Elektrizität

ihre Erzeugung und ihre Anwendung in Industrie und Gewerbe

Allgemeinverständlich dargestellt

von

Arthur Wilke

Ingenieur für Elektrotechnik

Mit 10 Tafeln und über 800 Abbildungen im Text

5. Auflage

Elegant gebunden M. **10.**—

Ausgabe mit einem Modellband

enthaltend:

Zerlegbares Modell einer Gleichstrom-Dynamomaschine. Nach Ausführungen der Elektrizitäts-Aktien-Gesellschaft vorm. Lahmeyer & Co. in Frankfurt a. M.

Zerlegbares Modell eines Drehstrommotors. Nach den Ausführungen der Allgemeinen Elektrizitäts-Gesellschaft Berlin.

Zerlegbares Modell einer elektrischen Vollbahn-Lokomotive, erbaut von der Firma Ganz & Co. in Budapest.

Zwei Teile elegant gebunden M. **20.**—

Jedermann empfindet heutzutage, wo ihm die praktische Verwertung der vielseitigsten aller Naturkräfte, der Elektrizität, täglich vor Augen tritt, das Bedürfnis, sich eine eingehendere Kenntnis dieses Gebietes zu erwerben und sich gelegentlich darüber Auskunft zu holen. Diese Erwägungen haben zur Herausgabe dieses Werkes geführt, in welchem die Elektrizität, das interessanteste Kapitel der modernen Technik, in einer ihrer gegenwärtigen Bedeutung entsprechenden Vollständigkeit in Wort und Bild veranschaulicht ist.

Der Verfasser ist als einer der besten elektrotechnischen Schriftsteller bekannt; er hat sich hier zugleich als ein Meister populärer Darstellung erwiesen. Sein Werk ist so übersichtlich und klar, so überaus leichtfaßlich geschrieben, daß es den Leser gleichsam spielend selbst mit verwickelteren Problemen vertraut macht. Eine äußerst reichhaltige, prächtige und vor allem sachgemäße Illustrierung trägt dazu nicht wenig bei.

Springer-Verlag Berlin Heidelberg GmbH